生命是什么
WHAT IS LIFE

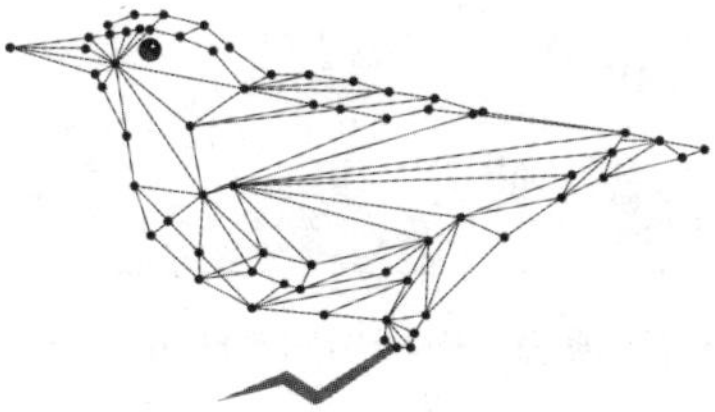

[奥地利]
埃尔温·薛定谔
_著_

傅力 译

浙江人民出版社

图书在版编目（CIP）数据

生命是什么 / (奥) 埃尔温 · 薛定谔著；傅力译
. -- 杭州 : 浙江人民出版社，2025.3
ISBN 978-7-213-10267-7

Ⅰ. ①生… Ⅱ. ①埃… ②傅… Ⅲ. ①生命科学—普及读物 Ⅳ. ①P18-49

中国版本图书馆 CIP 数据核字（2021）第 171589 号

生命是什么

SHENGMING SHI SHENME

［奥］埃尔温 · 薛定谔 著 傅力 译

出版发行	浙江人民出版社（杭州市环城北路 177 号 邮编 310006）
责任编辑	卓挺亚
责任校对	何培玉
印　　刷	三河市中晟雅豪印务有限公司
开　　本	700 毫米 ×1000 毫米 1/16
印　　张	14.25
字　　数	181 千字
版　　次	2025 年 3 月第 1 版
	2025 年 3 月第 1 次印刷
书　　号	ISBN 978-7-213-10267-7
定　　价	48.00 元

目 录

生命是什么 01 XX XY

意识和物质 02

我的世界观 03

生命是什么 01

首次出版于 1944 年

前　言

人们总是以为科学家会在某一学科领域拥有广博的第一手知识，基于科学家尊贵的职责，他们不会对不熟悉的主题进行探讨。然而，为了写这本书，我希望放下这种尊贵的职责（如果有的话），并免除随之而来的责任。这是因为：

我们从先辈那里继承了对统一且包罗万象的知识的强烈渴望。我们给最高学府起的名字[1]提醒着我们，从远古至今的悠长岁月中，普遍性才是我们追求的永恒价值。但是，在过去的一百多年里，各种各样的知识分支在广度和深度上极速扩展，使我们面临一个奇怪的困境。即我们清楚地感觉到：一方面我们开始想要获取可靠的信息和材料，尝试把已有的知识整合成一个整体；而另一方面，任何一个人的头脑都几乎不可能完全掌握哪怕一个小分支中的所有专业知识。

我们唯一能做的就是，让一些人冒着被当成傻瓜的风险，去尝试总结那

1　英文中“大学”一词（University）和“普遍性”（Universal）为同根词。

些事实和理论，即便其中不乏二手或者不完备的知识。不然的话我看不出有什么办法可以摆脱这种困境，我们也会因此失去真正的目标。

自我辩解的话就到此为止。

还有一个无法回避的困境，那就是语言的问题。一个人的母语就像是一件合身的衣服，当这件衣服不在身边，不得不穿上另一件衣服时，他一定会感到很不自在。因此，我要感谢都柏林圣三一学院的英克斯特博士、圣帕特里克学院的帕德雷格·布朗博士，以及 S.C. 罗伯茨先生。是他们的倾力相助使得这件新衣服让我穿起来感到合身，有时我执意不放弃自己的用词选择也给他们带来了不少麻烦。如果行文中的这些词汇有词不达意之处，那是我的责任而不是他们的过错。在此书中，每一章的正文部分都是一个连贯的整体，每一部分的标题原只是页边概要。

E. 薛定谔

都柏林 1944 年 9 月

第一章
经典物理学家对这个问题的研究方法

研究的一般性质和目的

这本小书的内容来源于一位理论物理学家向大约四百名听众发表的公开演讲。尽管演讲一开始我就警告说，即便这节课没怎么使用复杂的数学演绎法，但依旧会很难懂，所幸听众人数并没有大幅度减少。我这样说的原因，并不是这里的内容简单到不用数学就能解释清楚，相反，是因为它涉及太多，无法完全用数学解释。这次演讲还有一个特点，那就是演讲者试图用最通俗易懂的语言，把生理学和物理学之间的基本概念阐释清楚。

实际上，这本小书涉及的内容非常多，但我的任务是把其中的一个基础问题阐释明白。为了不让读者迷失方向，我打算先把整个计划简单地概述一下。

这本小书讨论的那个基础且重要的问题是：生物体内发生的事件，如何用物理和化学来解释？这些事件的发生与时间和空间的关系又是怎样的？

这本小书阐述和确立的初步答案可以概括为：这些事件用当代物理和化学还无法解释，但并不代表未来科学无法解释。

统计物理学：结构上的基本差异

如果仅仅是为了激发人们在未来实现过去没有实现的目标，那么上面的注释和论述并没有太大价值。但它的意义远不止如此，我想说的是，目前为止这种看似无力的解释已经经过了充分的论证。

今天，多亏了生物学家（主要是遗传学家）在过去三四十年里的创造性工作，人们对生物体的实际物质结构及其功能有了足够的了解，这些结果确切地说明了，为什么现在的物理和化学无法解释生物体在空间和时间内发生的事件。

生物体内的原子排列及其相互作用，在根本上不同于物理学家和化学家迄今为止在实验和理论研究中面对的原子。除了那些认为物理学和化学的定律一直是基于统计力学的物理学家能明白这种巨大的差别之外，其他领域的学者往往无法理解其中的鸿沟。

从统计学的观点来看，生物体内的结构是非常复杂的，与非生物体有着云泥之别。生物体的系统并不具备其他物质规律发生作用的基础结构。因此，我们无法把物理学家和化学家曾经发现的规律直接用于解释生物体的行为。

物理学家以外的人通常难以理解上述这些抽象的概念，更不用说去理解“统计力学结构”的含义。为了不使本书的论述太过晦涩，我在这里先把后面会详细叙述的内容提前概述一下：细胞的最重要部分是染色体，我们也可以称其为非周期性晶体。

迄今为止，我们遇到的物质大多是周期性晶体。在一个普通物理学家眼里，周期性晶体就已经是十分复杂的物质了，由它们构成的极具吸引力和繁复结构的无生命自然界已经使物理学家绞尽脑汁。但与非周期性晶体一对比，周期性晶体可以说是黯然失色。

两者结构上的区别，就如同一张普通的壁纸和一件刺绣艺术品（比如拉斐尔挂毯）一样，前者只是单调的重复，而后者则是大师精心设计的杰作。物理学家常常把周期性晶体称为最复杂的物体之一，但实际上，有机化学所研究的越来越复杂的分子已经非常接近于“非周期性晶体”。在我看来，它是生命的物质载体。因此，有机化学家已经对生命问题作出了重大贡献，而物理学家却几乎还未有建树。

一位天真的物理学家对这个问题的探讨

在简要地说明了研究工作的总体思路后，让我们开始进入主题。首先我解释一下“一位天真的物理学家对于有机体的观点”究竟是什么意思。这代表着一位物理学家在学习了物理学的相关知识，尤其是统计力学后，开始探索生物体的活动和功能。他根据学到的知识和科学观点，试图用简明的科学理论对这个问题做出适当的解释。

他会发现这并不是不可能的任务。他将理论上的模拟和生物学的事实进行比较，会发现大体上能够解释得通，二者只有细微的出入。在如此努力之下，他就会逐渐接近正确的观点，或者说逐渐接近自己认为正确的观点。

这位“朴素物理学家”就是我本人，即使我在这里真的得出了正确的观点，我也不知道这是不是最优的探索路径。但我知道，除了这种曲折的方法之外，我找不到其他能达到这个目标的更好途径。

为什么原子这么小？

阐明“一位天真的物理学家对于有机体的观点”可以从一个似乎有点可笑的问题开始：为什么原子这么小？

首先，它们确实很小。生活中的每一块物质都含有数量惊人的原子。有许多例子可以让读者了解这个事实，不过开尔文勋爵曾用的例子最令人印象深刻：如果给一杯水中的所有分子都做上记号，再把这杯水倒进海洋，等这杯水均匀地分布在世界七大洋中后，你再从海洋中的随意一处舀出一杯水来，会发现这杯水中大约有一百个标有记号的分子。

原子的实际大小大约在黄光波长的 1/5000 到 1/2000 之间。这一比较的意义在于：波长大致表明了显微镜下仍能辨认出的最小颗粒的尺寸。因此，我们可以看到，这样小的颗粒中仍然含有数以十亿计的原子。

那么，为什么原子会这么小？

这个问题显然不能只从表面来回答，因为这个问题的本质并不在于原子的大小，而是有机体的大小，尤其是我们自身的大小。如果我们拿日常的长度单位和原子进行衡量，比如码（1 码约为 0.9144 米）或米，原子的确非常小。但在原子物理学中，人们习惯于使用所谓的埃（符号为 Å）来度量，它是 1 米的百亿分之一，即 0.0000000001 米。原子的直径正是在 1 ~ 2Å 之间。

我们身体的尺寸与日常的度量单位是紧密相关的。有一个幽默故事说，“码”这一单位来源于一个英国国王。当身边的大臣问他应该采用什么度量单位时，他就把手臂伸开说：“就以从我的胸部中央到手指尖的长度作为度量单位吧。”我们暂且不论这个故事的真假，但它很明显地表达了：国王在无意中就提出了用自己身体比拟长度的观点，因为他明白用其他的东西做度量单位并不方便。因此，尽管物理学家偏爱“埃”这个单位，但是当他选择做一件新衣服的时候，他依旧会告诉别人他用六码半（约为 5.9436 米）的布料而不是 650 亿埃。

所以我们的问题真正针对的是两个尺寸的比例——我们身体的尺寸和原子的长度。鉴于原子是一种独立存在的物质个体，我们应该反过来提问：与原子相比，为什么我们的身体需要这么长？

我可以想象，许多热衷物理或化学的学生可能会对以下事实感到遗憾：我们的每个感觉器官构成了身体的一个部分，然而从组成的成分来看，这些器官本身却是由无数个原子组成的。因此，感觉器官在感受单个原子时就显得有些粗糙和迟钝了。我们既看不见，也感觉不到，还听不到单个原子。我们对原子的假设与我们的感觉器官能直接感知的东西完全不同，我们甚至不能直接观察或检测它们。

是不是有内在的原因可以解释这个现象？我们能否将这种状态追溯到某种第一原理，以便确定和理解为什么感觉器官和大自然的规律之间会有抵触？对于这个问题，物理学家的回答是肯定的，他们能够完全搞懂这个问题。

有机体的工作需要精确的物理定律

如果一个有机体的感官没那么迟钝，一个原子或几个原子就能在我们的感官上留下一个知觉印象——天哪，那生命会是什么样子！我要强调一点：这种有机体肯定无法进化出有序的思维。而正是这种思维在经历了漫长的时间之后，最终形成了对原子的概念。

虽然我在这里只列举了感觉器官，但其实以下的讨论对于大脑和感觉器官以外其他器官的功能也是适用的。然而，我们对自己唯一最感兴趣的是：为什么我们在感觉、思维和知觉这一系列过程中，大脑和感知系统起主要的作用，其他器官起辅助作用。或许从客观的生物学视角来看这并不是事实，但从我们人类的观点来看确实如此。

这种认识会大大有利于我们选择一种和人类认知紧密相伴的过程进行研究，尽管我们对这种紧密相伴的平行关系的真正性质知之甚少。就我个人看来，它超出了自然科学的范畴，甚至很可能完全不属于人类能理解的范围。

因此，我们面临着这样一个问题：为什么一个像我们大脑这样的器官以及附属于它的感知系统必须由大量的原子组成，才能让它的物理变化状态与高度发达的思想密切对应？大脑作为一个整体，以及它直接与周围环境相互作用的某些外围部分，与一台精致灵敏的、用于记录外界单个原子碰撞的机器相比，为何会有如此大的差异？

我觉得有两个原因：（1）思想本身就是一个有秩序的体系；（2）思想只能建立在有一定秩序性的知觉或经验之上。

这就会产生两个结果：首先，一个物理组织，要与思想紧密对应（比如我的大脑与我的思想），它必须是一个非常有序的组织，这意味着发生在其中的事件必须遵守严格的物理定律，至少要达到非常高的准确度。其次，外界其他事物对这个由物理系统构建的身体产生的反应，显然与思想的知觉和经验相对应，构成我所谓的思想资料。因此，我们的身体系统与其他系统之间相互的物理作用具有物理学的秩序性，也就是说，它们也必须在一定程度上遵守严格的物理定律。

物理定律建立在原子统计力学的基础上，因而只是近似的

为什么在一个由少量原子组成的、可以明显察觉一个或几个原子的撞击的有机体中不能实现上述目标呢?

因为我们知道所有的原子都会一直进行一种无序的热运动，也就是说，这种混乱无序的运动掩盖了它们有秩序的运动，使得即使有少量原子做有规律的运动也不能被察觉出来。只有在大量原子的协同作用下，统计定律才开始影响和控制这一个系统的行为，并且随着涉及的原子数量的增加，其精确度也不断提高。正是这样，事件才有了真正有序的特征。所有已知的、在生物体生命中起重要作用的物理和化学定律都拥有这种统计性质。人们认为的任何其他形式的规律和秩序都被原子不间断的热运动扰乱而失效。

它们的精确性是基于大量原子的介入

实例 1：顺磁性

让我试着用几个例子来说明这一点，它们是从成千上万的例子中随机挑选出来的，因此对于初次涉猎自然科学的读者来说也许并不是最好的例子。

这里所说的自然科学，是指在现代物理学和化学中最基本的那些概念，包括生物学中的有机体是由细胞构成的、物理学中的牛顿定律，甚至数学中的自然数数列 1，2，3，4，5，…等基本事实。因此，我并不奢望一个门外汉在读了下面几页的内容后就能彻底理解和领会这个问题。这个问题在教科书

中被称为“统计热力学”，它与路德维希·玻尔兹曼[1]和约西亚·威拉德·吉布斯[2]这两位大名鼎鼎的人物联系在一起。

如果你将一个椭圆形的石英管充满氧气，然后放在磁场中，就会发现气体被磁化了。这种磁化是因为氧分子就是一种小磁铁，倾向于与磁场平行，就像指南针一样，但你不能认为它们全都转向了和磁场平行的方向。因为如果你把磁场强度加倍，氧气中的磁化强度就加倍了，更多的氧分子就会趋向于这个方向，而且这个比例会随着磁场的增强而增加，两者之间有着正相关性。

这是纯粹统计定律中一个特别明显的例子。磁场总是向着确定的方向变化，但另一方面它又不断地遭到热运动随机取向的干扰。这种不同取向的斗争最后使得磁偶极子轴（氧分子小磁体的南北极轴）在同方向间的夹角小于90° 的比例超过大于90° 的比例。纵然单个原子不断地改变它的取向，但它们整体（由于数量巨大）在磁场的方向上会产生一个恒定的优势。这个巧妙的解释要归功于法国物理学家P. 朗之万[3]。理论上的解释还可以通过以下方法验证：

如果我们看到的弱磁化现象确实是两种相互排斥的趋势平衡的结果，并且使得大部分分子平行于磁场，而这其中存在着热运动随机取向的干扰，或许我们可以尝试通过降低温度来代替加强磁场。

实验也证实了这一点，磁化作用与绝对温度成反比，与理论基本相符。

1　路德维希·玻尔兹曼：奥地利物理学家、哲学家，热力学和统计物理学的奠基人之一。他最伟大的功绩是发展了通过原子的性质来解释和预测物质的物理性质的统计力学，并且从统计意义上对热力学第二定律进行了阐释。

2　约西亚·威拉德·吉布斯：美国物理化学家、数学物理学家。他奠定了化学热力学的基础，提出了吉布斯自由能与吉布斯相律。他创立了向量分析并将其引入数学物理之中。

3　P. 朗之万：法国物理学家。主要贡献有朗之万动力学及朗之万方程。

现代科学实验装置可以把热运动降低到我们难以想象的地步，从而使我们更加直观地观察磁场的完全取向效应。即使达不到完全的取向效应，至少也能达到部分的“完全磁化”。这时，随着磁场强度的增大，磁化作用并没有按比例提高，增加的幅度开始越来越低，慢慢接近于“饱和”。这一预期也已被实验定量地证实了。需要注意的是，以上情况的出现有一个先决条件，那就是要有大量的分子参与。否则，磁化就不是恒定的，而是时刻不停地不规则变动。这是热运动与磁场之间相互作用的有力证据。

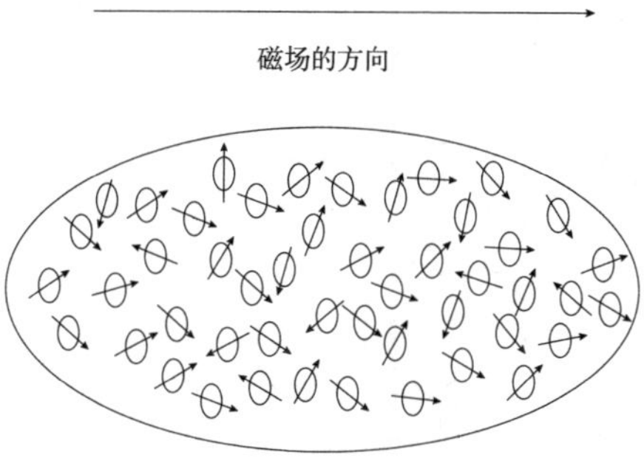

图 1　顺磁性

实例 2：布朗运动，扩散

如果你将由微小水珠组成的雾气装进一个密封的玻璃容器内，就会发现雾的上部或边界逐渐下沉，下沉的速度由空气的黏度、液滴的大小和相对密度决定。但是，如果你观察显微镜下的一个液滴，就会发现它并不是以恒定的速度一直下沉，而是进行一种非常不规则的运动，即所谓的布朗运动。它只是在宏观层面上表现出一种看似有规律的下沉。

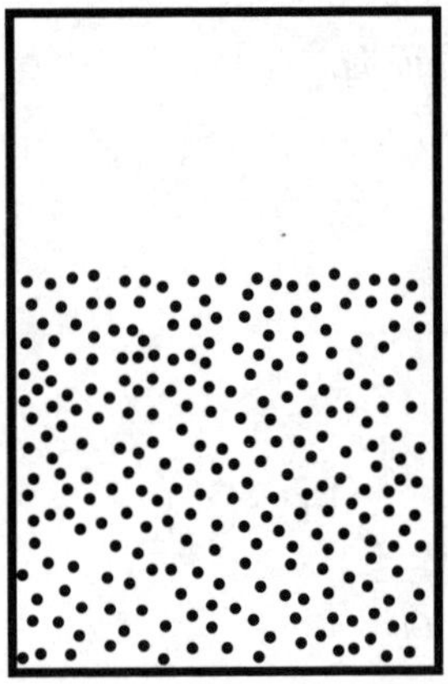

图 2　下沉的液滴

图 3　下沉液滴的布朗运动

这些微小水珠不是原子，但它们足够小和轻，足以显现出单个分子的撞击。于是，它们就这样被碰来撞去，但在宏观层面上来说，它们又受重力影响而呈现下沉的趋势。

这个例子说明，如果我们的感官能感受到少数分子的碰撞，那么我们将会有非常奇妙但无序的体验。像细菌这样的有机体，体积如此之小，一定会受到这种现象的剧烈影响。它们别无选择，运动将由周围介质的热效应决定。如果它们自己有主动动力的话，能否从一处到达另一处呢？这显然很困难，因为它们在热运动中就犹如在波涛汹涌的大海上颠簸的一艘小船。

有一种和布朗运动非常相似的现象是扩散现象。想象一个容器装满了液体（比如水），里面溶解了少量的有色物质（高锰酸钾），溶液的浓度不是均匀的。如图 4 所示，其中的小点是高锰酸钾分子，浓度从左到右递减。如果你不去管这个系统，一个非常缓慢的“扩散”过程就会开始，高锰酸钾分子会从左向右扩散，也就是说，从浓度较高的地方向浓度较低的地方扩散，直到它们在水中均匀分布。在这个简单无趣的过程中，需要注意一点：高锰酸钾分子不是如人们设想的那样，在一种单一趋势或力量的驱使下从高浓度向低浓度的地方涌去，就像一个国家的人口向那些有更多活动空间的地区扩散一样。我们的高锰酸钾分子不会发生这种情况，它们中的每一个都表现得特立独行。它们中的每一个，无论是在拥挤的区域还是在空旷的地方，都会遭受同样的命运，即不断受到水分子的撞击，朝着一个不可预测的方向前进——有时朝着高浓度的地方移动，有时向低浓度的地方移动，有时则斜向移动。人们常常把它们的动作比作一个蒙着眼睛的人在一个很大的平面中移动，这个人充满了某种“行走”的欲望，但却无法确定特定的方向，因此不断地变换着他的路线。

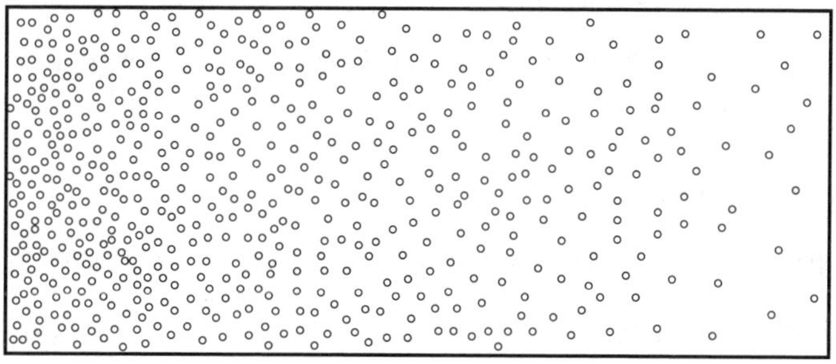

图 4　高锰酸钾溶液

虽然每个高锰酸钾分子都进行着无规则的运动，但总体上还是朝着低浓度的方向移动，并最终均匀分布。这一点乍一看令人费解，但其实不然。如果你把图 4 想象为一层浓度恒定的薄片，考察某一瞬间某一薄片的高锰酸钾分子的运动，由于运动是随机的，每个分子移动到左边或右边的概率是相等的。正是由于这一点，我们可以假想在两层薄片之间存在某一平面的分子，由于左面比右面有更多的分子参与随机运动，因此来自左面的分子比右面的多。只要是这样，平衡就会表现为从左到右，直到达到均匀分布。

当我们把这些行为转化为数学语言时，就可以用偏微分方程得到精确的扩散定律：

$$\frac{\partial \rho}{\partial t}=D\nabla^2\rho$$

我不打算解释这个方程式，尽管它的含义用普通语言来解释其实也很简单。之所以在这里提到严格的数学定律，是为了强调它的物理精确性在每一个具体应用中是不一定能保证的。基于纯粹的偶然性，它的有效性只是近似的。如果它得到一个很好的近似值，那仅仅是因为在这个现象中有大量的分子在合作。如果分子的数目很少的话，我们就可以观察到偏差了。

实例 3：测量准确性的限度

我给出的最后一个示例与第二个示例非常相似，但有其特殊的意义。

设想悬挂在纤细的绳子上且保持平衡的轻小物体，无论是施加电力、磁力或者重力都能使它围绕着绳子旋转。于是，物理学家就通过这种方法来测量使它偏离平衡位置的微弱的力。

当然，这种轻小物体必须根据具体的目标选用。在提高这种非常实用的“扭秤”装置的精度时，物理学家遇到了一个奇怪的极限。如果使用越来越轻巧的物体或者更加细长的绳子，这个扭秤就能感应到越来越弱的力。如果物体感受到了周围分子热运动的撞击，在它的平衡位置附近开始像第二个例子中雾气里的水珠那样不停地、没有规律地“跳舞”时，测量的精确度就达到了极限。

虽然这样做对天平测量的精度没有绝对的限制，但它设定了一个实际的限制。热运动的不可控制效应与被测力的影响相互竞争，使得观察到的单个的偏差值失去了意义。

如果想要消除仪器中布朗运动的影响，就必须多做几次实验。我认为，这个例子在我们目前的研究中特别有启发性。对于我们来说，感官仅仅是一种工具。如果它们变得过于敏感，那么它们也将变得无用。

$\sqrt{n}$定律

例子就举到这里，所有和有机体内部或有机体与环境相互作用有关的物理化学定律，均可被作为例子在这里解释。可能其中一些例子的解释会更为复杂，但在关键部分都是大同小异，因此不再赘述。

但我还是想补充一点，这是一个非常重要的定量陈述，涉及任何物理定律不准确度的期望值，即所谓的$\sqrt{n}$定律。我将首先用一个简单的例子来说明，然后再对其进行概括。

如果我告诉你，在一定的压力和温度条件下，任何气体都存在一定的密度值。或者说，在一定体积内（这个体积的大小适合实验的需要）正好有 n

个气体分子。那么可以确定，如果你在某个特定的条件下检验，就会发现我的陈述是不准确的，存在着$\sqrt{n}$偏差。

如果数字 n=100，你会发现偏差个数大约为 10，因此相对误差为 10%。如果 n=1000000，你可能会发现偏差在 1000 左右，因此相对误差为 0.1%。这里的 n 是指在理论和实验的研究中，为了在一定的时间和空间范围内使该定律生效而必须考虑的参与分子的数目。粗略地说，这个统计定律是很普遍的。物理学和物理化学的定律并不是完全准确的，存在一定的相对误差，这个误差范围大约为 $1/\sqrt{n}$。

相信你从这一点还能看出，有机体的内在生命以及它同外部世界的相互作用，都能被精确的定律概述，但前提是它自身必须有一个巨大的结构。否则，如果合作粒子的数量太少，“定律”就太不准确了。需要特别注意的是，这个定律出现了平方根。比如说，虽然 100 万是个巨大的数目，但是精确度就只有千分之一。这样的精确度对于一条自然定律来说还是欠缺的。

第二章
遗传机制

朴素物理学家那些绝非无关紧要的设想是错误的

我们得出的结论是，一个有机体及其经历的所有与生物学相关的过程必须具有“多原子”的结构，并且必须加以保护，防止“单一原子”事件变得过于重要。

“朴素物理学家们”向我们传达的这一点是至关重要的，正是这样我们才得以理解，为什么有机体符合足够精确的物理学定律，并能按照这些定律建立其有序的功能。按照生物学的观点来看，这些结论与实际的生物学事实是吻合的吗？

乍看之下，人们认为这个结论并没有什么问题，30 年前的生物学家也提出过类似的观点。对于一个强调统计物理学在生物体系的重要性的科普演讲者来说，这个结论也是比较恰当的。因为对于任何可以当作高等生物的成年个体来说，构成它的每一个细胞都包含着拥有天文数字般数量的各种单原子。正如 30 年前知道的那样，我们观察到的每一个特定的生理过程，无论是在细胞内，还是在它与周围环境的相互作用中，似乎都包含了大量的单一原子，这就保证了物理学和物理化学中相关定律的有效性，这也符合上一章所述的定律。

但是今天，我们知道这种观点是错误的。正如我们即将看到的那样，有机体的体内有许多小原子团，它们微小的程度无法显示精确的统计规律，但它们在生物体内发生的一些事件中起着关键的支配作用，控制着有机体在发育过程中获取到可观察的大尺度特征，并直接决定了有机体的功能。也就是说，在有机体的生命运动中，生物学定律才是主宰。

首先，我必须对生物学，尤其是遗传学的情况做一个简短的总结。换句话说，我必须概括地说明这门学科的发展现状，尽管这不是我的专长。因此，我对自己的这些外行话深表歉意，特别是对生物学家们来说。其次，请允许我将主流观点摆在你们面前，作为一个笨拙的理论物理学家，我没有办法对其中涉及的实验证据进行核实。要知道，这些实验证据不仅来自大量日积月累的繁育试验，而且还来自精密的现代显微镜技术对实验对象的直接观察。

遗传密码（染色体）

让我们在生物学家称为“四维模式”的定义上使用有机体的“模式”这个词，这不仅指该有机体在成年期或任何其他特定阶段的结构和功能，而且还包括了它从受精卵、细胞到成熟期的整个个体发育的过程。

这个四维模式是由一个受精卵细胞的结构决定的，准确地说，它在本质上是由细胞的一小部分，即细胞核决定的。这个细胞核，在细胞的正常“静止状态”下，通常以染色质网络的形式出现，分布在细胞内。但在至关重要的细胞分裂过程中（有丝分裂和减数分裂，见下文），它被认为是由一组颗粒组成的，通常是纤维状或棒状，称为染色体，其数目可以是 8 或 12 条，人类的话就是 46 条。不过我们需要把这些数字写成 2×4，2×6，…，2×23——按照生物学家的习惯把它们分为两组染色体。虽然有时可以根据自身的大小或形状对单个染色体加以区分和辨认，但这两组染色体几乎完全相同。

它们中的一套来自母本的卵细胞，另一套来自父本的精子。通过显微镜我们可以看到，母本和父本染色体的轴状骨架纤丝部分包含了个体发育和成熟的全部密码。每一套染色体都含有全部密码，意味着在原始的受精卵里有两套密码。

我们把染色体纤丝结构称为密码脚本，一个有洞察力的生物学家可以根据卵细胞的结构知晓，在适宜条件下这个卵将发育成什么生物，是一只黑公鸡还是一只斑点母鸡，是一只苍蝇还是一株玉米，或者是杜鹃花、甲虫、老鼠，甚至女人。我们还可以补充一点，卵细胞的外观通常非常相似。即使它们不相似，比如相对巨大的鸟类和爬行动物的卵，它们之间的区别与其说是在相关的结构上，不如说是营养物质的差异。既然染色体结构是促使卵细胞发育的工具，那么简单地称其为“密码脚本”也许并不合适。它们更像是法律法规和行政权力的统一，或者用一个更恰当的比喻，如同建筑设计师和建筑工人之间的合作。

通过细胞分裂（有丝分裂）的个体生长

染色体在个体发育中是如何表现的？

生物体的生长受到连续的细胞分裂影响，这种细胞分裂称为有丝分裂。我们的身体是由大量细胞组成的，但是有丝分裂并不是人们认为的那样，是一件频繁发生的事情。在有丝分裂的开始阶段，细胞的生长很迅速。卵子分裂为 2 个“子细胞”，继而分裂成 4 个细胞，然后是 8、16、32、64……这种分裂的频率不会在生长中的身体的所有部分保持完全相同，因此各个部位的细胞数目最终会不同。但从它们的快速增长中，我们可以通过简单的计算推断出，平均经历 50 ～ 60 次的连续分裂就足以产生一个成年人的细胞总量。因此，从理论上来说，我们的一个体细胞只是我们的原始卵子的第 50 或第 60 代“后代”。

在有丝分裂中，每一条染色体都被复制

染色体在有丝分裂中会有什么表现？通俗来说，它们被复制了，即两套染色体和对应的密码都被复制了一份。在显微镜下可以对此进行深入的研究，这是一个极有意思的过程。这个过程涉及的细节太多，无法在此一一细说。但是，有一点必须要强调，那就是两个“子细胞”都得到了跟亲本细胞相同的两套完整的染色体。因此，所有的体细胞都具有完全一样的染色体。

我们对这种机制知之甚少，不得不认为它是通过某种途径同有机体的机能密切相关。每一个细胞，即使是不那么重要的细胞，都拥有一套完整的密码脚本。

不久前，我在报纸上看到蒙哥马利将军在他的非洲战役中强调，要让军队的每一个士兵都一丝不苟地了解他的所有计划。如果这是真的（考虑到他的部队士兵的高智商和高可靠性，这或许能够实现），它提供了一个极好的类比，每一个士兵就像是有机体内的一个细胞。

在有丝分裂中，每一个细胞始终拥有两套染色体，但是这种遗传机制中突出的特征会在我们接下来的讨论中产生偏移。

减数分裂和受精

在个体发育开始后不久，有一些细胞会被“保留”下来，以便在个体成熟时产生繁殖所需的配子，视情况发育为精子细胞或卵子细胞。这些细胞被“保留”，意味着它们在此期间不起其他作用，仅经历数次有丝分裂。此外，这些“保留”细胞在成熟后到最终产生配子的过程中还会经历减数分裂，这一过程通常发生在配子配合（受精）前不久。在减数分裂中，亲本细胞的两套染色体组会被分成两组，分别进入一个子细胞，形成配子细胞。换言之，减数分裂的染色体总数保持不变，不会像有丝分裂那样将染色体数目翻倍。也就是说，每个配子细胞收到的染色体只有一组，而不是两组。例如人类的配子细胞只有 23 条染色体，而不是 2 × 23=46 条。只有一组染色体的细胞被称为单倍体（来源于希腊语 απλοῶχ，意思为单个）。因此，配子细胞是单倍体，而普通体细胞是二倍体（来源于希腊语 διπλῶχ，意思为双倍）。当个体拥有三组、四组……乃至更多组的染色体时，被称为三倍体、四倍体和多倍体。在受精的过程中，雄性配子（精子）和雌性配子（卵子）都是单倍体，结合而成的受精卵是二倍体。它的一组染色体来自父本，另一组来自母本。

单倍体个体

有一点需要强调，单倍体不仅是一种不可或缺的存在，而且还非常有趣，因为它表明了实际上在每一组染色体中的单条染色体都包含着全部的密码信息。在一些情况下，细胞在减数分裂后并不受精，这样的单倍体细胞之后会经历多次有丝分裂，形成一个单倍体的个体。孤雌生殖的雄蜂就是其中一个例子，它是从蜂后未受精的单倍体卵中孵化而来，它的所有体细胞都是单倍体。也就是说，雄蜂没有父亲！如果你愿意的话，甚至可以夸张地称雄蜂为一个超级精子，因为这正是雄蜂生命中唯一的任务。然而，这个观点也许并不很准确，因为同样的过程在植物中也发生着，却有不同的目的。有一些植物会通过减数分裂产生单倍体配子，这些配子被我们称为孢子。孢子落在地上后会像种子一样发育，最后成为真正的单倍体植物，这些单倍体植物与其同种的二倍体个体并无显著外在差异。图 5 是森林中的一种苔藓植物的草图，叶子较低的部分是单倍体，称为配子体，因为它的上端发育有性器官和配子，可以通过相互受精的方式产生二倍体植物，即顶端有孢子囊的裸茎。孢子囊通过减数分裂可以产生孢子，当孢子囊打开后，孢子会落在地上发育成叶状茎。这个过程循环往复就是该植物的世代交替。如果你愿意的话，可以用同样的方式看待人类和其他动物。只不过单倍体在我们身上存在的时间非常短暂。我们的身体对应于苔藓的孢子囊。我们的“孢子”就是那些“保留”的细胞，它们通过减数分裂产生出起始于单细胞的每一代。

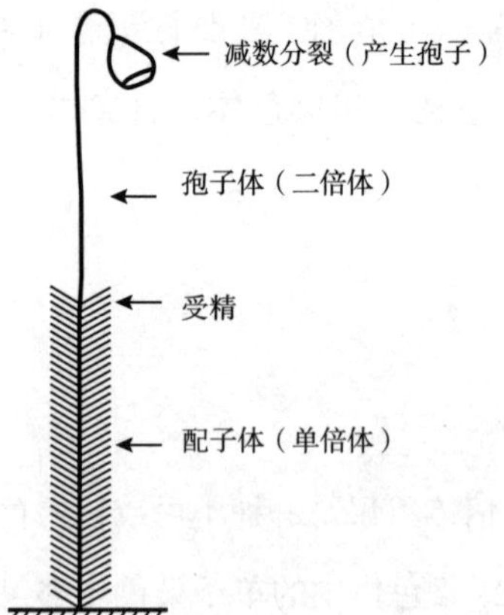

图 5　某种森林苔藓

减数分裂的特性

在个体生殖过程中，最重要的事情并不是受精，而是减数分裂。这一过程中一组染色体来自父本，另一组来自母本，这是无法改变的铁律。所以无论男女，他的染色体组正好一半遗传自他的父亲，另一半遗传自他的母亲。至于究竟是父亲还是母亲的遗传占据优势（最简单的例子就是谁决定了你的性别），那是另外一个问题了，留待之后详述。当你把遗传的起源追溯到你的祖父母时，情况就不同了。让我先把注意力集中在我父亲的一组染色体，特别是其中的一条，比如第 5 号染色体。这条染色体一定是我父亲从他的父亲或者母亲那里得来的精准复制品。在 1886 年 11 月，我父亲的体内发生了减数分裂，产生了一个精子，这个精子随后在我的诞生过程中发挥了关键作用。但是这个精子里包含的是我祖父的染色体还是祖母的染色体，概率都是 50%。同样地，这一情况不仅仅是在我父亲的 5 号染色体中发生，而是在我双亲的 1 号、2 号、3 号……一直到 23 号染色体中都会发生。这就意味着 46 条染色体都是相互独立的，即使我父亲的第 5 号染色体来自我的祖父约瑟夫·薛定谔，但第 7 号染色体究竟是来自我的祖父还是祖母玛丽·尼玻格娜，它们的概率依旧是相等的。

交换，特性的定位

在前面的描述中，我们默认，某个特定的染色体作为一个整体要么来自祖父，要么来自祖母。换言之，单个染色体是整个遗传下去的。但是，事实并非如此简单，后代的成长中会混合许多祖先遗传的特性。

比如在父亲体内的一次减数分裂中，染色体在分离以前彼此是连在一起的，有时它们会进行整段的交换。图 6 是交换的示意图。通过这种交换，染色体不同部位上的特性就会在孙子那一代分离，使得孙子兼有祖父和祖母的特性。这种交换虽然不频繁，却为我们提供了用于染色体定位的宝贵信息。为了充分说明这个问题，我们需要引入下一章才会出现的一些概念（例如杂合子、显性等）；但由于这超出了这本书的范围，因此我们只谈论一下要点。

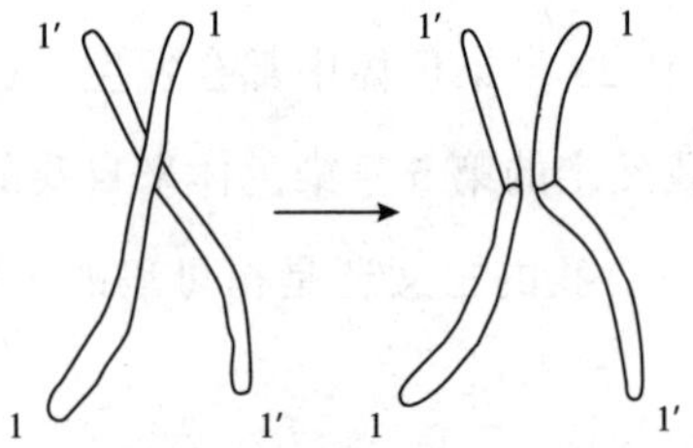

图 6　染色体的交换

如果没有交换，同一染色体所负责的两种特性在混合时就一定会被遗传，没有一个后代会只接受其中一种而不接受另一种。而不同染色体的两个特性以 50 ∶ 50 的概率被分开，两条染色体就不会一起传给下一代。但是交换打破了这个规律。通过繁育实验，我们确定交换的概率：位于同一条染色体上的两个特征之间的“连锁”被打断的次数越少，它们就靠得越近。靠得越近，形成交换点的机会就越少，而位于染色体两端的远处特性就会被分离开来（同样的规律也适用于同一祖先的同源染色体上的特性重组）。这样，人们就可以从“连锁统计”中得到每一条染色体内的“特性图”。

这一机理已经在果蝇等实验中得到了验证。测试的特性被分成了不同的组，在组与组之间没有联系，几个组就是几条不同的染色体（果蝇有 4 条染色体）。在每一组中，都可以绘制出一个线性的特性图，定量地说明该组中任何两个性状之间的连锁程度。毫无疑问，这些特性有着准确的定位，沿着一条直线分布，就像棒状的染色体那样。

当然，这里所谈到的遗传机制依旧过于简单了，因为我们没有充分说明通过特性可以知道些什么。把统一的“整体”有机模式人为地分解成了“特性”并不是一种妥当的解释。实际上在具体的实例中，比如祖先在某些方面确实存在着差异（比如一个是蓝色的眼睛，另一个是棕色的），那么他们的后代要么继承前者，要么继承后者。

我们在染色体上进行定位的位置就是这种差异的根源（在术语中，我们称之为“位点”，或者考虑其背后的假设物质结构，我们称之为“基因”）。在我看来，特性的差异实际上是比特性本身更为基础的概念，尽管这一说法在语言逻辑上看上去似乎站不住脚。特性的差异实际上是不连续的，这一点在下面的章节谈到突变的时候就会涉及。我相信上述这些枯燥乏味的内容在那时会焕发出新的生机和色彩。

基因的最大尺寸

我们刚刚介绍了一个术语“基因”，我们把它作为具有一定遗传特征的物质载体。现在需要强调两点，这两点与我们的研究目的密切相关。第一点是基因的大小，或者更确切地说，基因的最大尺寸能到多少，这决定了我们对它进行定位时能够定位到的范围极限。第二点是通过遗传模式的维持时间推断出基因的持久性。

关于基因的尺寸，有两种完全独立的估算方法，一种是基于遗传学证据（繁育实验），另一种是基于细胞学证据（显微镜直接观察）。

第一种在原理上很简单，就是用上面讲过的方法，把大量不相同的性状（以果蝇为例）定位在染色体上，测量染色体的长度并除以性状的个数，再乘以染色体的横截面，就可以估算出尺寸。当然，我们只把通过交换后分离的特征算作不同的形状，所以它们不能代表全部微观的或分子的结构。另一方面，很明显，我们的估算只能给出一个最大的尺寸，因为随着遗传学分析而不断分离出来的性状数目在不断增加。

第二种方法是基于显微镜的观察，但这也不是直接估算。果蝇的某些细胞（比如唾液腺的细胞）由于某种原因，体积会变得特别大，它们的染色体也是如此。在其中，你可以看到深色横纹的密集图案，这些横纹的数目大致有2000个，大体上和繁育实验得出的基因数目相同。C.D.达林顿[1]倾向于认为横纹带就代表了实际的基因数目。也就是说，测量出细胞染色体的长度，直接除以横纹的数目就是基因的长度。他发现一个基因的体积大概相当于一个边长为300埃的立方体。鉴于这种方法（估算），我们认为这与第一种方法的

1 C.D.达林顿：英国细胞遗传学家。在1932年发表的《细胞学的最新成就》一书，通过对遗传学规律和染色体行为的研究确立了遗传的染色体学说。

准确度不相上下。

小的数量

我们稍后将就统计物理学对上面的结论和事实的影响作一次全面讨论——或者应该说，是上述事实对统计物理学在活体细胞中的应用的影响。首先，我们要强调一个事实，在液体或固体中，300 埃仅仅是大约 100 个或 150 个原子间距，所以一个基因包含的原子不会超出一百万个或几百万个。即使所有这些原子都起同样的作用，就像它们在气体或液滴中所起的作用一样，从$\sqrt{n}$定律来看，这个数字也太小了。基因可不是一滴液体，它更可能是一个大的蛋白质分子，其中每个原子、每个自由基、每个杂合环都扮演着各自的角色，这些作用与其他类似的原子、自由基和杂合环是不同的。这是霍尔顿和达林顿等前沿遗传学家的观点，我们很快将会讲到一些基因实验来证明这一点。

永久性

现在我们来讨论第二个问题：遗传特性可以保持多长时间不变，这些遗传特性的物质结构必须具有一些什么样的性质？

这个问题的答案无须做任何专业的研究。当我们谈论遗传属性这一事实时，我们就认识到这种永久性是绝对的。父母传给孩子的不仅仅是具有明显个人特征的外在性状，如鹰钩鼻、短手指、风湿病、血友病、色盲等，更包含一种表型的综合模式，我们可以很方便地选择这些特征来研究遗传规律。这些特征在几代人中没有任何明显的变化，在几个世纪内（虽然不是在几万年内）是永久的，并且在每次传递时都由合成受精卵细胞的两个细胞核中的物质所承担。

这是一种奇迹，要知道人类的整个生命的延续都依赖于遗传的神奇作用。但是我认为有另一种奇迹比它更伟大，那就是我们运用认知能力获取关于这种知识的奇迹。

第三章
突变

“跳跃式”突变——自然选择的工作场所

我们刚刚为证明基因结构的持久性提出了一些论据，这些稀松平常的证据也许并不具备说服力。因此在这里，我们打算用例外来证明法则。如果孩子和父母之间的相似性没有例外，我们不仅观测不到那些揭示了详细遗传机制的实验，甚至地球上都不存在通过自然选择和适者生存来形成不同物种的宏大实验。

在这里我们把后一个重要的主题作为介绍相关事实的起点，但是我要再次致歉并提醒大家，我不是一名生物学家。

今天我们已经清楚地知道，达尔文错误地认为群体中那种微小的、连续的、偶然的变异是自然选择的基础。然而事实证明，这些变异是不遗传的。这个事实很重要，因此在这里简单地加以说明。

如果你取一株纯种大麦，逐穗测量其麦芒的长度并绘制统计结果图，你会得到一条钟形曲线，如图 7 所示。麦芒的长度和数量呈现正态分布，过长或过短的麦芒数量相对较少。现在我们挑出一组麦穗（图中黑色的那组），这组麦芒的长度明显超过平均值。我们假设这组麦穗足够在地里播种并长出新的大麦，当我们对新长出的大麦再做同样的统计时，达尔文会预期相应的曲线向右移动。换言之，他认为可以通过人工选择来增加麦芒的平均长度。但情况并非如此：只要是纯种的大麦，这一次的统计数据会和上一次一样。同样地，如果选择麦芒特别短的麦穗作为种子，情况也是如此。这是因为细微的、连续的变异是不遗传的，所以这样的选择没有效果。这些变化显然是一种偶然，而不是基于遗传物质的结构。

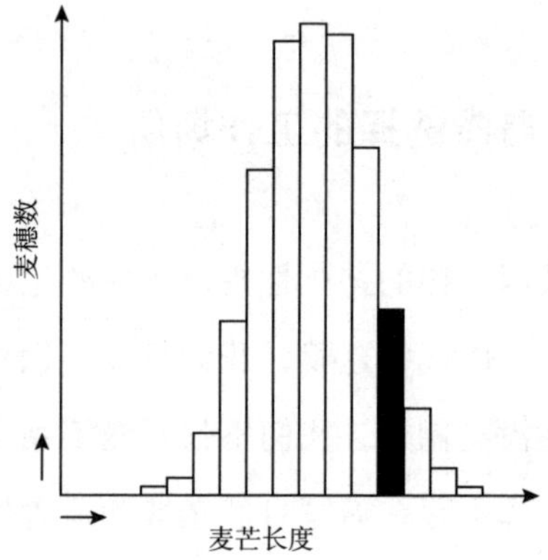

图 7　麦芒长度与麦穗数关系图

但是在上面的讨论中，我们忽视了突变。40 多年前，荷兰人德弗里斯发现，在完全纯种繁殖的后代中也有极少数的例外个体，比如有几万分之二三的概率，它们出现了细微但却是“跳跃式”的变化。这里所谓的“跳跃式”并不是说变化非常大，而是指这种变化不是连续的，不存在一种过渡的中间形式。

德弗里斯称之为“突变”，它让物理学家想起了量子论——在两个相邻的能级之间没有中间能量值。因此德弗里斯的突变理论也可以形象地被称为“生物学的量子论”。稍后我们将看到，这不仅仅是比喻。这些突变实际上是由于基因分子中的量子跃迁造成的。但是当德弗里斯 1902 年第一次发表他的发现时，量子论还只有两年的历史。因此科学界又花了一代人的时间才发现其间的亲密关系！

它们完全地遗传了下来，生育了同样的后代

突变是可以像原本的特性那样遗传下去的。举个例子，在上面提到的那一茬大麦中，有几个麦穗的麦芒长度可能会大大超出图 7 中的范围，另外又有一些麦穗不长麦芒。它们就可能代表了一种德弗里斯突变，它们的后代会继承这些特性。

因此，突变肯定是遗传中的一种变化，必须由遗传物质的某些变化来解释。事实上，大多数重要的繁育实验向我们揭示遗传机理时，都是研究分析杂交后获得的后代。这些后代是由已经突变的个体（往往是多重突变的个体）和没有突变的个体杂交而来。另一方面，繁育中后代和祖先的完全相似性说明了突变是达尔文所描述的自然选择的方法：通过消除不适应自然的物种，让适者生存下来。在达尔文的理论中，你只需要用“突变”来代替他的“轻微的偶然变化”（就像量子论用“量子跃迁”代替“能量的连续转移”），那么可以说达尔文的理论几乎没有必要改变。

定位、隐性和显性

我们现在同样要以一种稍微理论的方式回顾一些关于突变的基本事实和概念，而不是直接展示它们是如何从实验证据中观察产生的。

一个明确观察到的突变是由一条染色体的某个特定区域的变化引起的。重要的是，我们必须明确地知道，它只是一条染色体的变化，而不是同源染色体相应的“位点”的变化。图 8 表示了这一点，X 表示突变的位置。

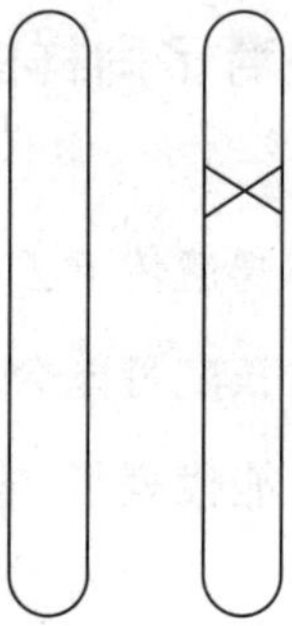

图 8　单条染色体上的突变

当突变个体与非突变个体杂交时，只有一条染色体受到影响，因此只有一半的后代表现出突变特征，而另一半则是正常的。如图 9 所示，这是突变个体减数分裂时两条染色体分离的结果。这是一个“谱系”，三个连续世代的每个个体只用一对染色体来表示。请注意，如果突变个体的两个染色体都受到影响，那么所有的后代都会得到相同（混合）的遗传特征，既不同于它们的父本，也不同于它们的母本。

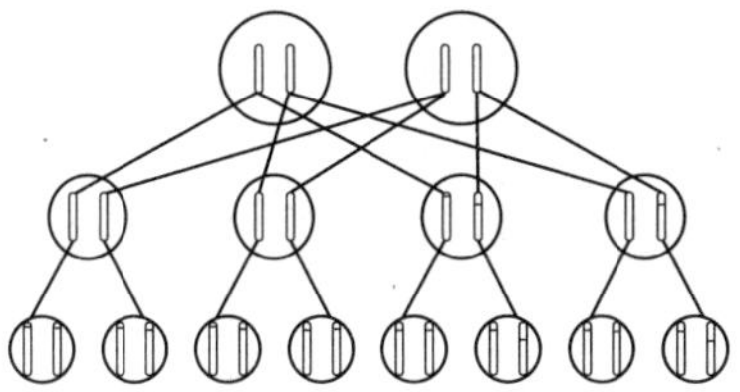

图 9　突变的遗传

但在这个领域的实验并不像刚才所说的那样简单。因为这里存在另一个事实，即突变通常是潜在的。

这句话的意思是，在突变个体中，密码脚本的两个拷贝不再相同。它们至少在同一个地方呈现了两个不同的“读数”或“版本”。有些人把原始的密码看作“正统的”，把突变体的密码看作“异端的”，这是错误的，因为任何现在看来正常的性状都是从之前突变那里发展而来的。

在现实情况中，染色体一般有两个版本，个体的“模式”会在两者之中仿效其中一个。当然，这些版本可以是正常的，也可以是突变的。两者中被仿效的那个版本叫作显性，剩下的另一个版本叫作隐性。也就是说，根据突变是否直接影响到模式的改变，我们可以称之为显性突变或隐性突变。

隐性突变甚至比显性突变更为频繁，尽管一开始它们没有表现出来，但却非常重要。如果隐性突变要影响模式，它们必须存在于两条染色体上（见图 10）。当两个相同的隐性突变个体碰巧彼此杂交或一个突变个体与自身杂交时，隐性突变模式就会显现出来。这在两性植物中是可能的，甚至可以自发产生。根据统计结果，可以观察到有隐性突变模式的后代约占全部后代的四分之一。

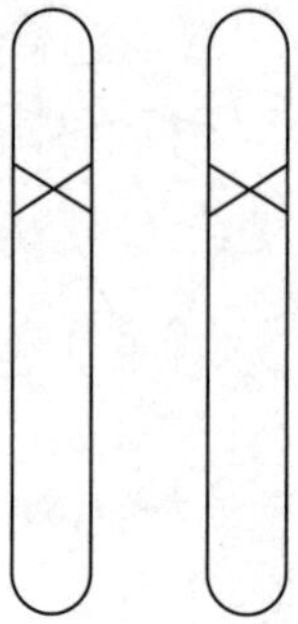

图 10　两条染色体上的突变

介绍一些术语

我认为在这里解释几个术语会有助于理解。比如，在讲“密码脚本”中的原始密码或者突变密码时，我实际上说的就是相同位置上的“等位基因”。如图 8 所示，如果密码的两个版本是不同的，相对于该位点，个体被称为杂合子。反之，如果这两个版本的密码是完全相同的，如图 10 所示，则被称为纯合子。于是我们可以看出，隐性等位基因只在纯合子时才会影响模式，而无论是纯合子还是杂合子，显性等位基因都会影响模式。

对于白色来讲，其他颜色都是显性的。拿豌豆来举例，它只有在两条染色体上都存在“白色隐性等位基因”，也就是当它是“白色的纯合子”时，才会开白花。它们之间繁育出来的后代也几乎都是开白色花朵。但是，当一个“红色显性等位基因”（另一个基因是白色隐性，个体是“杂合子”）出现时，它就会开出红色的花朵。如果有两个红色等位基因的话，那自然也是开红色的花朵。杂合子的红色花豌豆间杂交可能会产生一些开白花的后代，而纯合子的红色花豌豆间杂交却只能产生开红花的后代。

两个个体的外表可能完全相同，但在遗传性上却有所不同。这一点非常重要，因此需要进行精确的区分。遗传学家说他们有相同的表现型，但基因型不同。因此，前面几段的内容可以概括为一个简短但技术性很强的声明：隐性等位基因只有在基因型为纯合子时才会影响表现型。虽然我们只是偶尔使用这些术语，但必要时应向读者解释其含义。

近亲繁殖的有害影响

只要隐性突变是杂合子，自然选择就奈何不了它们。一般而言，突变往往都是有害的，但是由于它们时常处于隐性，因而自然选择没有消除它们。因此，不利突变可以保留下来，但不会立即造成损害。但是，它们有一半的概率会传递给后代个体，这对人类、家畜、家禽或任何其他物种的体质来说都至关重要。

在图 9 中，假设一个男性个体（为了具体起见，比如我自己）在杂合的情况下携带这样一个隐性有害突变，但它不会显现出来。假设我妻子没有这个突变，那么我们的孩子也有一半概率会携带它。如果他们再次与未发生突变的伴侣交配（为了避免混淆，在图 9 中子女的配偶被省略了），孙子孙女也会有平均四分之一的概率受到同样的影响。除非受同样影响的个体彼此杂交，后代身上才会明显地表现出这种有害突变造成的问题。这是由于这样杂交的结果会导致他们的后代将有四分之一的概率是隐性纯合子，就会表现出突变的影响。

因此，子女间的通婚是非常危险的，程度仅次于自体受精——这种情况只会出现在雌雄同体的植物上。乱伦结合的后果就是后代有四分之一概率会受到有害突变的影响。因此，对于一个乱伦生下来的孩子来说，危险系数是十六分之一。

同样的道理，我的孙子、孙女若结婚，生下的后代的危险系数就是六十四分之一。这个概率看起来并不是很大，这样的婚姻也常常被容许。但是不要忘记他们的祖代配偶（我和我的妻子）大概率不仅仅只拥有一个隐性突变。要知道，你若知道自己有一个隐性突变，那么就可以推算出八个堂、表兄弟姐妹间会有一个也带有这种隐性突变基因。

动植物的遗传实验似乎表明，生物除了相对罕见的严重缺陷之外，似乎还有许多小缺陷。这样的话，这些大小缺陷的概率加起来就必然导致整个近亲繁殖的后代出现危害性状的概率大为增加，甚至使得他们严重地衰退恶化。

既然我们不再倾向于用斯巴达人过去在泰格托斯山采取的严厉方式来消灭失败者，那我们必须严格对待人类中的这些事情，因为自然选择在人类社会中被很大程度地削减了。或者说，事实已经恰恰相反，在原始社会中战争还会淘汰一些老弱病残，但现代的大规模战争却消耗着最健康和优秀的青年。

一般性和历史性评论

有一个令人惊奇的事实，那就是隐性等位基因在杂合子中完全被显性等位基因掩盖，不产生任何可见的效果。不过这种情况也有例外。当纯合子白色金鱼草与同样纯合子的深红色金鱼草杂交时，所有直系后代的颜色都会介乎两者之间。也就是说，它们是粉红色的（而不是预期的深红色）。一个更重要的例子发生在血型中，两个等位基因能同时显示出它们的影响，但是我们不打算在这里深入讨论这个问题。我认为，最后人们可能会得出的结论是：

隐性可以分成不同的等级，而且用来检查“表现型”的灵敏度的实验在此过程中发挥了关键作用。

在这里有必要谈谈早期遗传学的历史。这一理论的支柱，即继承规律，一种关于亲代的不同特性在连续世代中的遗传规律，都是由世界著名的奥古斯丁教派的修道院院长格雷戈·孟德尔提出的。孟德尔对突变和染色体一无所知，他就是独自在布隆的修道院花园里对豌豆做实验。他培育了不同的品种，将它们杂交，观察它们的第一代、第二代、第三代……实际上，在这个实验中，自然界中现成的突变体成了他的实验对象。

他的研究结果早在1865年就在“布隆自然研究者协会”的会报上发表，但是没有人对他的实验和实验结果感兴趣。当然，人们没有想到的是，他将在20世纪成为一门全新的科学分支的奠基者。他的论文被遗忘了，直到1900年，阿姆斯特丹的德弗里斯、维也纳的切马克和柏林的柯灵斯三人同时各自独立地再一次发现了这个结论。

突变虽罕见但必要

到目前为止，我们倾向于把注意力集中在有害突变上，这类突变相比较而言出现的频率较高。但我们必须指出，我们也会碰到有利突变。

如果说自发突变是物种发展的一小步，我们会得到这样的印象：某些变化是以偶然的形式且冒着因存在有害因素而被自动消除的风险却不断作出的“尝试”。这引出了一个非常重要的观点，突变为自然选择提供了原料，必须是罕见的。事实上也是如此，如果它们发生得如此频繁，以至于在同一个体中有相当大的概率发生很多种不同的突变。那么通常来说，有害的突变将占优势。那么，物种不仅没有得到改良，反而会停滞不前，甚至走向衰亡。

基因高度持久性所导致的保守是必要的。例如，在一家大型制造厂，为了创造一种更好的生产方法，大胆的创新即使没有得到确认，但也是必需的。但是，为了确定创新是提高还是降低了生产力，必须在一定的时间内限制只能进行一项创新而其他保持不变。

X 射线诱发的突变

我们现在要回顾一系列最巧妙的遗传学研究工作，这将证明是我们分析中最相关的特性。通过用 X 射线或 γ 射线照射亲本，可以提高突变率，使得后代中的突变大于自然突变率所带来的突变，同时以这种方式产生的突变与自然发生的突变没有任何区别（除了数量更多）。人们有一种印象，即每一种“自然”突变也可以由 X 射线诱发。在果蝇中，许多特殊的突变会反复出现，这些突变在染色体上的位置已被发现，并被赋予特殊的名称。甚至还发现了所谓的“复等位基因”，也就是说，在染色体编码的同一个地方，除了正常的、未突变的基因外，还有两个或两个以上不同的“版本”和“密码”。这意味着在特定的一个“位点”中，不仅有两个，而且有三个或三个以上的版本，当它们同时出现在两条同源染色体的相应位点时，其中任何两个基因是互为“显性—隐性”的关系。

X 射线产生的突变研究指出，每一个特定的“转变”，比如从正常个体到特定突变个体，或者反过来，都有其个体的“X 射线系数”，表明以这种特定方式突变的后代的百分比。这个系数表明了用单位剂量的 X 射线在子代出生之前照射亲本，由此造成的突变后代所占的百分比。

第一定律：突变是一个单一事件

控制诱导突变率的规律非常简单，但非常有启发性。我在这里用的是1934年《生物学评论》第九卷中刊登的铁莫费耶夫的论文。这篇论文在相当大的程度上描述了他自己的一项工作。

第一定律是：突变频数的增加量随着射线剂量的增加而不断提升，因此对于这种比例关系，我们可以用突变系数来表达。

我们对简单的比例已经习以为常，以致非常容易低估这一简单规律的深远影响。为了理解它，我们可以举例说明，例如一种商品的价格并不总是与其数量成正比。平时你买6个橘子是一个价格，但当你决定买整整一打橘子时，老板可能会以不到6个橘子两倍的价格卖给你。但在资源匮乏的时候，情况可能恰恰相反。在目前的情况下，我们得出结论，辐射的一半剂量会导致一千个后代中的一个发生突变，但对其余个体没有影响。它们既不免于突变，也不倾向于突变。如果不是这样的话，另一半剂量的辐射就不会恰好再引起后代中的千分之一发生突变。由此可知，突变并不是一种累积效应，不是由连续的小部分辐射相互叠加而引起的。突变一定是在辐射期间发生在某条染色体中的单一性事件。

那么，哪一类事件属于这样的单一性事件呢？

第二定律：事件的局域性

这个问题由第二定律来回答：

如果改变射线的性质（波长），从软的X射线到相当硬的 γ 射线，只要剂量不变，突变系数就保持不变。

射线剂量可以用伦琴单位来度量，也就是说，所用剂量是按照经过选择的标准物质在照射下单位体积内所产生的离子总数来度量的。选择空气作为标准物质，不仅是为了方便，更因为有机组织是由与空气原子量相同的元素组成的。组织中电离或相关过程（激发）数量的下限只需将空气中的电离数乘以密度的比值即可得到。

我们可以从这个定律中得知，生殖细胞在某个“临界”体积内发生的电离作用是造成突变的单一性事件。这个临界体积有多大？从观察到的突变率我们可以按照下面的比例来估计：如果每立方厘米产生 50000 个离子的剂量，造成 1‰的概率发生突变，那么我们就可以得到临界体积，即只有 1/50000 立方厘米的 1/1000，换句话说就是临界体积只有 1/50000000 立方厘米。

这些数字并不完全准确，只是用来举例说明。在实际估算中，我们遵循了德尔布吕克、铁莫费耶夫和齐默的一篇论文中的观点，这也是后面两章将要阐述的理论的主要来源。他们在论文中得到的临界体积是边长为 10 个平均原子距离的 1 个立方体，即只包括大约 1000 个原子。对这个结果最简单的解释是，当电离（或激发）发生在离染色体某个特定点不超过“10 个原子距离”的地方时，就有相当大的机会产生这种突变。稍后我们将更详细地讨论这个问题。

铁莫费耶夫的论文包含了一个我必须在这里提及的推论，当然，它与我们目前讨论的内容没有任何关系。在现代生活中的很多情况下，人们会暴露在 X 射线下，这会导致像 X 射线癌、烧伤、不育等一系列比较直接的危险。我们已用铅屏、铅围裙等作为防护来避免这些危险，尤其是经常接触射线的护士和医生们。虽然这些对个人的直接危险可以有效地防止，但是还存在着间接危险，也就是产生于生殖细胞内的有害突变，这也是我们在讨论近亲繁殖的不良后果时谈到的那种突变。直截了当地说，尽管可能有点异想天开，但由于他们的祖母曾是长期担任 X 光检查的护士，所以堂兄妹结婚的危害性可能会大大增加。这不是一个需要任何个人担心的问题。但是，对于整个社会来说，这种潜在的突变可能会逐渐影响人类整体。

第四章

量子力学证据

经典物理学无法解释的持久性

借助于极其精细的 X 射线仪器（正如物理学家所记载的，它在 30 年前揭示了晶体的原子晶格结构），生物学家和物理学家最近成功地降低了决定生物个体宏观特征的微观结构，即基因的尺寸上限，使其远远低于之前的估计值。我们现在正严肃地面对这样一个问题：从统计物理学的观点来看，我们如何才能解释基因结构似乎只涉及数量相对较少的原子（一般是 1000 个，甚至可能更少）的事实，却又表现出了非常有规律的活动。

请允许我把这个令人惊讶的奇迹叙述得更加详细生动一些。哈布斯堡王朝的一些皇室成员的下唇有一种特殊的缺陷（被称为“哈布斯堡唇”）。在皇室的赞助下，维也纳帝国学院的科学家们仔细地研究了这种唇的遗传基因。这个特征被认为是正常唇形的一个孟德尔式的“等位基因”。如果注意比较一下 16 世纪这个家族中某些成员和他们 19 世纪的后代的肖像画，我们就可以毫不犹豫地得出结论，导致这种畸形特征的基因结构已经世代相传了好几个世纪，而且每次细胞分裂都复制了这一特性。此外，这个基因结构的原子数量可能与X射线检测结果的数量级相同。在这个过程中，基因一直处于98华氏度[1]左右的温度环境，却保持几个世纪不受热运动的干扰，对此我们应该如何理解呢？

如果一个19世纪末的物理学家只准备利用那些他能解释并且他真正理解的自然规律，那么他将无法回答这个问题。但是他若是在对统计力学的定律进行思考后，也许会得出这样的结论（这正是正确的回答）：这些物质结构只能是分子。关于这些原子集合体的高稳定性，已经被化学知识所承认。但这些知识纯粹是经验性的，人们还无法了解分子的本质。对于分子保持一定的形状、维持原子间强键的原因，当时的化学家们还一无所知。因此，这个答案虽然是正确的，却没有真正回答问题，它只是把不知缘由的生物学稳定性归结到了化学稳定性上。这一联系虽然在表面上依据着同一个原理，但由于这个原理本身还未揭晓，因此这一证明依旧令人生疑。

由量子理论来解释

对于这个问题，可以通过量子理论提供一种解释。从现在的研究中我们可以知道，量子理论与遗传机制有着密切的关联，后者正是建立在前者的基础之上。现代遗传学的建立和开始可以追溯到德弗里斯、柯灵斯和切马克在1900年重新发现孟德尔定律[2]，以及德弗里斯在1901—1903年发表的关于突变的论文。这两大理论几乎是同时诞生的。它们在各自发展到一定程度后，才

1　98华氏度：约等于36.7℃。

2　奥地利帝国遗传学家格雷戈·孟德尔在1865年发表了催生遗传学诞生的著名定律，他揭示出遗传学的两个基本定律——分离定律和自由组合定律，统称为孟德尔遗传定律。

会相互产生联系。

量子理论经历了25年发展之后，W.海特勒[1]和F.伦敦[2]在1926—1927年才给出化学键量子理论的普遍原理。海特勒－伦敦理论包含了量子理论最新、最精细的复杂概念。正是由于以上原因，我们不得不用微积分来表达突变同“量子跃迁”之间的联系，并把最为关键的部分阐释清楚。这也是我们在本书中希望说清楚的事。

量子理论—离散态—量子跃迁

量子理论最大的启示是在“自然之书”中发现了不连续性的特点，而原先人们认为自然界中只存在连续性。

第一个例子是关于能量的。在经典理论中，一个物体在较大范围内可以不断地改变它的能量。例如，摆锤摆荡时，由于空气阻力作用而逐渐减慢速度。奇怪的是，量子理论证明，具有原子大小的微观系统的这一行为是完全不同的。我们在此不进行详细叙述，但请你假设有一个具有不连续能量的小系统，我们把从一种不连续的状态转变为另一种不连续的状态称为量子跃迁，这是一件相当神秘的事情。

不过，能量并不是这一系统的唯一特征。我们回过头来再看看钟摆，把它设想为一个由天花板上的绳子悬吊的重球，可以朝南北、东西或任何其他方向摆动，甚至可以以圆或椭圆的形式摆动。然后用风箱轻轻地吹气，球就

1　W.海特勒：英国理论物理学家。

2　F.伦敦：德国著名物理学家。

可以从一种运动状态连续地转变到另一种状态。

对于小规模的系统来说，这些或类似的特征（我们无法深入了解细节）会不连续地变化。它们像能量一样，是“量子化”的。这样的结果就是，有许多原子核，包括它们周围的电子，当彼此之间相互吸引而形成一个小的系统时，它们无法被随意建构成一种假设的模型，只能成为大量的但不连续的系统状态。能量是这些特征中最为重要的部分，我们通常称这些状态为能级。

但必须明白，能级背后的意义不仅仅只是能量。准确来说，这些状态是系统中所有粒子的一种确定构型。从一种构型到另一种构型的转变就是量子跃迁。如果转变后的能量更大（位于更高的“能级”），那么系统必须从外部获取这部分能量差，以使跃迁成为可能。如果系统跃迁到了较低的能级，它可以自发地将多余的能量辐射出去。

分子

给定一组原子的不同状态，就有可能让这些原子核彼此靠拢，形成一个分子。这里要强调的一点是，除非外界能够提供给分子跳跃到较高能级所需的能量差，否则分子必然具有一定的稳定性，拥有不易改变的构型。因此，能级差的存在有效地决定了分子的稳定程度。之后我们会看到这个事实和量子理论基础本身的重要关系。

我必须请求读者注意，这种理论已经被化学事实彻底地检验过了，它已经成功用于解释化学价态和分子结构，比如结合能、不同温度下的稳定性。我这里所谈的就是前面已经叙述过的海特勒 – 伦敦理论，但我们不在本书中具体展开。

稳定性取决于温度

现在我们来研究一下生物学中一个很有意思的问题，那就是不同温度下分子的稳定性。以我们的原子系统为例，它一般处于最低的能级状态，物理学家们把这种状态下的原子系统称为绝对零度分子。为了把它提升到下一个更高的状态或能级，就需要提供一定的能量。其中最简单的方法就是"加热"这个原子系统，也就是把它带到一个温度更高的环境中，让周边的原子、分子不断地猛烈撞击它。考虑到整个热运动的不规则性，这里没有明显的温度界限。也就是说，只要不是在绝对零度，原子在任何温度下都有可能出现跃迁，当然跃迁的概率会随着温度的升高而增加。在这里，为了等待跃迁出现的平均时间就被称为"预期时间"。

根据博尼拉和魏格纳的研究，"预期时间"很大程度上取决于两种能量的比率：一种是在一定温度下的热运动强度特性的量（称为特征能量 kT，用 T 表示绝对温度），另一种是跃迁需要的能量差（用 W 来表示）。实现跃迁的机会越小，预期时间也就越长，而跃迁量本身同平均热能的比值也就越高，即 $W : kT$ 的比值也就越大。

这里有非常令人惊讶的一点，$W : kT$ 比值的微小变化都会在预期时间上产生巨大的影响。举个例子，当 W 是 kT 的 30 倍时，预期时间有可能只需 1/10 秒；但当 W 是 kT 的 50 倍时，预期时间会延长到 16 个月；而当 W 是 kT 的 60 倍时，预期时间将会增加到 30000 年！

数学插曲

我们可以借助数学语言来为读者解释为什么能级改变或温度变化会如此敏感，同时再补充一些物理学的说明。

原因是，预期时间（t）是取决于 W/kT 的指数函数：

$$t=\tau e^{W/kT}$$

其中，τ 是一个数量级为 10^{-13} 或 10^{-14} 秒的非常小的常数。这个特殊的指数函数并不是偶然出现的，它是热力学统计理论中一个非常重要的函数。这个特定的指数函数的意义在于，在系统的某部分中偶然聚集起像 W 那么大的能量很难，当 W 若干倍于 kT 时，这种不可能性的程度可以量化表示。

实际上，$W=30kT$（见上面引用的例子）已经非常罕见了。当然，它的预期时间并不长（在我们所述的例子中只有 1/10 秒），这是由于 τ 很小。这个常数的物理意义是系统中一直发生的振动周期的数量级。在广义上说，这个常数意味着积累所需量 W 的机会，它虽然很小，但在“每次振动”时都会出现，每秒钟大约重复 10^{13} 到 10^{14} 次这样的振动。

第一个修正

我们在前面论述过分子稳定性的理论，可以认定：如果跃迁的量子能量即使不引发分子解体，那么至少也应该会导致组成分子的原子形成本质上不同的构型，也就是化学家所说的同分异构体，即一个由相同的原子以不同的排列方式（在生物学应用中，它将代表同一位点中的不同等位基因，量子跃迁即代表突变）形成的新结构。

为了保证这种解释的正确性，我们必须要进行两点修正，为了让读者容易接受，我会特意说得简单一些。根据之前的描述，有人可能会认为只有在极低的能量状态下，一堆原子才会组成我们所说的分子。在比较高的能级，原子之间一定已经形成“一些其他东西”了。

但事实并非如此。有一些密集的能级分布在最低能级的上面，它们在整体上不涉及任何明显的状态变化，而只对应于我们前面提到的自由原子间的小振动。它们也是“量子化”的，但从一个能级跃迁到相邻能级的幅度非常小。因此，在低温的时候，粒子之间的碰撞其实就可以引起振动的激发。如果分子是一个广延的连续结构，你可以把这些振动想象成高频声波，穿过分子而不会造成任何伤害。因此，这个小修正可以描述为：我们可以忽略能级图的“振动精细结构”，而“相邻的较高能级”可以理解为建构一个不太小的变化所需要的相邻的能级。

第二个修正

要解释第二个修正就要困难得多，因为它涉及不同能级之间一些重要且复杂的特性。这是因为两个能级之间的自由通路有可能被阻塞，这不仅包括从较低能级跃迁到较高能级，也包括从较高能级跃迁到较低能级。

让我们从经验事实开始谈起吧。前面我们曾提到过，同一组原子可以以多种方式结合形成一个分子，这种分子被称为同分异构体。同分异构体的出现是有规律的，并不是偶然现象。分子越大，能产生的同分异构体就越多。图 11 就是一个简单的例子，两种丙醇都由 3 个碳原子（C）、8 个氢原子（H）和 1 个氧原子（O）

组成。这个氧原子可以插入任何氢和碳之间，但只有图中显示的那两种情况才可以形成自然界中真正存在的物质。这两个分子无论是物理还是化学常数都明显不同，能量也不同，代表不同的能级。值得注意的是，这两种分子都非常稳定，它们的行为就像是各自的“最低状态”，不会从一种状态自发转变到另一种状态。

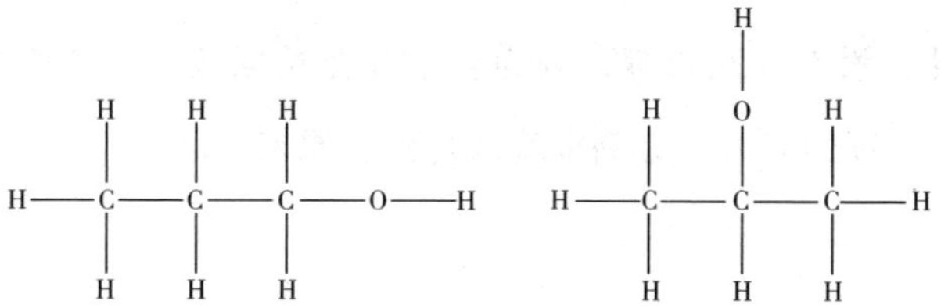

图 11　丙醇的两种同分异构体

究其原因，它们是完全不同的两种构型，要从一种构型跃迁成为另一种构型，必须通过介于两者之间的一种中间构型才能达成，但这种中间构型的能级比它们中的任何一种能级都要高。简言之，氧原子必须从一个位置抽出，然后插入另一个位置，而这一过程需要非常大的能量才能完成。如图 12 所示，1 和 2 代表两种同分异构体，3 代表它们之间的阈值，两个箭头表示跃迁所需要的能量，即从状态 1 到状态 3 和从状态 2 到状态 3 的转换所需的能量。

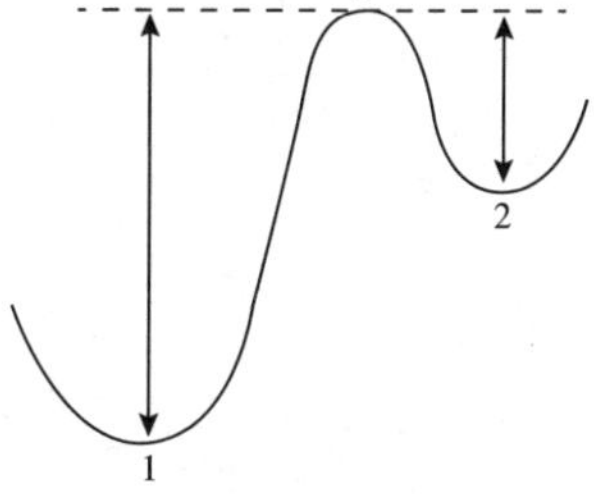

图 12　同分异构体能级

1 和 2 之间的能量阈 3，箭头代表发生转变时所需的最低能量

现在我们可以给出第二个修正了。这种“同分异构体”的跃迁是我们在生物学中最感兴趣的，这些跃迁就是我们之前谈论稳定性时提到的，即“量子跃迁”是指从一个相对稳定的分子构型到另一个相对稳定的分子构型的转变，转换所需的能量并不是实际的能级差，而是从初始能级到阈值的跃迁。

如果一个跃迁中没有阈值的介入，那么这种跃迁的价值就不大，对分子的化学稳定性也没有什么贡献，因为它不存在长期效应。阈值不存在，意味着当它们发生跃迁的同时，立刻也就恢复到了原来的状态。

第五章
对德尔布吕克模型的讨论和检验

遗传物质的概况

从这些事实出发，我们可以对一个基本的问题给予回答：由少量原子组成的分子结构，比如遗传物质，它们是否可以长时间地抗衡热运动的干扰？

我们假定基因的结构是一个巨大的分子，它只会发生不连续的变化，这包括原子的重新排列，并产生一个同分异构体。这种重排可能只影响基因的一小部分，而且可能有大量不同的重排。与原子的平均热能相比，将实际构型与任何可能的同分异构体分开的能量阈值必须足够高，才能使这种转变成为罕见的变化。这种罕见的变化就是基因突变。

本章后面的部分将致力于介绍基因和突变的一般情况（这里需要归功于德国物理学家德尔布吕克），再通过将其与遗传学事实进行详细比较来检测。在这样做之前，我们可以适当地对这个理论的基础和一般性质作一些评论。

独特性

挖掘生物学最深的根源并找到量子力学的对应解释是必要的吗？我敢说，“基因就是分子”这一推测在今天已经司空见惯了。无论是否熟悉量子理论，很少有生物学家会持反对意见。在第四章第一部分中，我们已经用量子理论诞生之前物理学家的论点来解释可观察的分子持久性。之后我们又谈了同分异构体、阈值，以及 $W : kT$ 比值在决定同分异构体跃迁概率中的重要作用。这一切，我们都可以抛开量子理论，使用纯粹的经验进行说明。既然在这本小书中我们不能把量子理论讲清楚，而且读者也可能看得云里雾里，那我们为什么还要如此坚持使用量子理论呢？

量子力学的理论价值是有目共睹的，它是根据第一原理阐明自然界中实际原子的各种集合体的理论。海特勒－伦敦键就是该理论的一个独特的推论，它以一种非常有趣和令人费解的方式被提出，并不是为了解释化学键而发明的，并且让我们最终被迫接受。如今，它被证明与所观察到的化学现象完全一致。像这种特殊的理论，在今后量子理论发展的过程中恐怕“不可能再发生了”。

因此，我们可以有把握地断言，量子理论是对遗传物质的最好的解释。在物理学方面没有理论能解释它和它的永久性。如果德尔布吕克的理论失败了，我们将不得不放弃进一步的尝试。这是我想说的第一点。

一些传统的误解

人们可能会问：除了分子，真的没有其他由原子组成的持久结构吗？例如，一枚埋在坟墓里两千年的金币，难道不能保留上面的肖像吗？的确，硬币是由大量的原子组成的，但在这种情况下，我们当然不倾向于把肖像的形状仅仅归因于大数目的统计。同样的观点也适用于那些嵌在岩石中的大颗水晶，在那里它们一定已经经历了数个地质时期而没有发生变化。

这就引出了我要阐明的第二点，即分子和晶体的情况如出一辙。根据目前的知识，它们的实质是一样的。不幸的是，学校的教材有时候还采用某些已经过时的传统观点，模糊了人们的认识。

我们在学校学到关于分子的知识并没有给我们这样一个概念，那就是它们更接近固态，而不是液态或气态。相反，教科书传递给我们的却是强调物理变化和化学变化之间的区别。像熔化或蒸发这样的物理变化，分子在整个变化过程中是保持不变的（例如酒精，无论是固态、液态还是气态，总是由相同的分子 C_2H_6O 组成）。而在化学变化中，分子则是改变的，例如酒精燃烧：

$$C_2H_6O+3O_2 = 2CO_2+3H_2O$$

其中 1 个酒精分子和 3 个氧分子经过重排形成 2 个二氧化碳分子和 3 个水分子。

关于晶体，我们学到的内容是，它是一种周期性的空间三维方向的堆叠晶格。单个分子的结构在晶体里有时是可以被分辨出来的，例如酒精和许多有机化合物。而在另一些晶体中——例如氯化钠（NaCl）——其分子结构则没有办法明确区分，因为每一个钠原子被六个氯原子包围，反之亦然，并且十分整齐对称。因此，无论把哪一对钠氯原子看作氯化钠分子，都是可以的。最后，我们被告知固体可以是晶体也可以不是晶体，在后一种情况下我们称之为非晶态。

物质的不同态

我并不是说上面这些说法和区别都是完全错误的。从实际应用上考虑，它们有时非常实用。但在物质结构的真正内涵中，界限必须以完全不同的方式来划定。新方法与原先的划分方法的最大区别可以用下面的两个等式来表示：

分子 = 固体 = 晶体

气体 = 液体 = 无定形固体

我们必须简要地解释一下。所谓的非晶态固体不是真的没有晶态，或者也不一定没有真正的固态。在“非晶态”碳纤维中，石墨晶体的基本结构已被 X 射线揭示。所以木炭是固体，也是晶体。对于没有发现晶体结构的物质，我们必须把它看作一种具有很高“黏度”的液体。因为这种物质没有明确的熔化温度和熔化潜热，所以它不是真正的固体。加热时，它逐渐变软，最终不间断地液化（我记得第一次世界大战结束时，我们在维也纳得到了一种类似沥青的物质来代替咖啡。它太硬了，人们不得不用凿子或斧头把它劈成碎片，这时它就会出现光滑的贝壳状的裂痕。但是，如果时间允许，它会像液体一样，紧紧地包裹住容器的底部）。

在气态和液态中，连续性是一个尽人皆知的属性。任何一种气体在靠近临界点的路径上液化而表现出的连续性，我们在这里就不赘述了。

真正重要的区别

上述的解释总结起来就是把一个分子看作一种固体或晶体，因为不管原子有什么，把它们结合起来组成一个分子的力的性质，和大量原子结合起来形成固体和晶体的力的性质是一样的。分子表现出的结构稳定性与晶体也是一样的。因此，基因的持久性就可以利用分子的稳定性来说明。

一种物质与另一种物质的真正区别在于：物质结构中的原子之间结合力的性质，也就是海特勒－伦敦键产生的力。原子在固体和分子中确实是这样结合的，但是在单原子气体中，比如水银蒸气中，就不是这样了。此外，在由分子组成的气体中，只有每个分子中的原子才以这种方式结合起来。

非周期性固体

一个小分子可以被称为“固体的胚芽”。大的物质就是从这样一个很小的“固体的胚芽”开始以两种不同的方式建造成越来越大的集合体。第一种方式比较机械且枯燥，是在三个方向上不断重复同一种结构。这就是生长中的晶体所遵循的方法。一旦确定了周期性，那么集合体就没有固定的生长增幅和大小限制。第二种方式则更灵活，在越来越复杂的有机分子中，每一个原子和每一组原子都扮演着单独的角色，并不完全等同于其他许多原子（周期结构中的情况）。我们可以很恰当地称之为非周期性晶体或固体，并以此来表达我们的假设：我们相信一个基因，或者也许整个染色体纤丝都是非周期性固体。

在微型密码中压缩的内容

人们经常会问，受精卵的细胞核只有那么一丁点儿的物质，怎么能包含一个生物体未来发展那么复杂的密码脚本呢？那是因为高度有序的原子聚集体能够有效地抵抗外来的干扰并稳定地维持它的秩序，可以提供原子排列的巨大可能性（同分异构体）。这个数量之大足以使一个很小的空间内包含一个极度复杂的系统。

实际上，这种结构中的原子数不必很多，就可以产生几乎无限数量的可能排列。举例来说，想想摩尔斯电码，就是用点（“·”）和横线（“–”）两种符号来表示的，只要每一字符的符号不超过 4 个，那么就可以组成 30 种不同的代号。如果允许有第 3 个符号，且每一字符的符号不超过 10 个，你就可以组成 88572 个不同的“字母”。当符号数增加到 5 个，每一字符的符号变成 25 个，那能组成的字母就达到 372529029846191405 个。

有人可能会反对这个类比，摩尔斯电码可以有不同的组成成分，比如“·––”和“··–”，这不同于分子的同分异构体。为了说明这一点，让我们再来看一下上面例子中的最后一种情况，我们只选择 5 种符号（5 个点、5 个横线等），每个字母都由 5 个符号组成，粗略估计一下，它的组合数就超过 62330000000000 个。

当然，在实际情况下，原子群的“每一种”排列方式绝不代表一个可能的分子。而且不一定任何一个密码都能被采用，同时涉及密码本身是否是指导发育的操纵因子。但是另一方面，上述类比的例子中选用的 25 个数目还是很小的，仅仅代表了线性上的简单排列。我们想说明的是，从基因分子来看，这些微型密码应该与高度复杂和特定的发育进程精确对应，并且应该以某种方式包含了让密码起作用的程序。

与事实的比较：稳定性和突变的不连续性

让我们最后将理论与生物学事实进行比较。首要问题就是理论是否真的能解释我们观察到的高度持久性。所需的阈值比平均热能 kT 高数倍是否合理？这个值是否在化学常识的范围之内？

这个问题不难回答。为了分离出某种物质分子，化学家必须使其分子在某个温度下存活至少几分钟。事实上，一般来说这些分子的寿命会比几分钟长得多。因此，化学家观察到的阈值可精确到足以解释生物学中遗传持久性所需要的数量级。根据第四章第五部分的内容描述，当阈值在一两倍的范围内来回变动时，就可以说明从几分之一秒到几万年范围内的寿命长度，因此化学家发现的阈值正好就解释了生物学中遗传持久性所需要的数量级。在第四章第五部分的例子中我们提到了 W/kT 的比值，现在我们再拿出来作一个参考。当比值分别是：30、50、60 时，产生的寿命分别是 1/10 秒、16 个月和 30000 年。室温下与此相对应的的阈值是 0.9、1.5 和 1.8 电子伏特。

这里我们必须解释一下“电子伏特”这个单位。对物理学家来说这是一个相当方便的单位，因为它非常直观。例如 1.8 电子伏特，就是指在 2 伏左右电压的作用下使一个电子获得的能量，然后去碰撞分子而引起跃迁（相比之下，普通手电筒的电池电压为 3 伏）。

因此我们可以了解到，由振动能的偶然变化而使得分子的结构发生变化，实际上是非常罕见的事件，它对应的就是自发突变。因此，我们根据量子力学的原理解释了关于突变这一事实。这种无中间形态、跃迁式的惊人事实也让德弗里斯第一次关注到了突变。

自然选择基因的稳定性

当人们发现任何一种电离射线都能增加自然突变率之后，可以把自然突变率归因于土壤和空气的放射性活动以及宇宙辐射。但与 X 射线结果的定量比较表明，自然辐射太弱了，因此只能说明自然突变中的一小部分情况。

假设我们必须通过热运动的偶然波动来解释罕见的自然突变，就不必对大自然成功地做出如此微妙的阈值而感到惊讶。我们在前面已经得出结论，频繁的突变对进化是有害的。通过突变获得不稳定基因结构的个体的后代，只有很小部分能够存活很长时间。于是，物种就会淘汰这些个体，从而通过选择把小部分稳定的基因保存下来。

突变体的稳定性有时是较低的

那些自然产生的野生型可能由于突变率太高而无法生存，或者可以生存但无法繁衍。而我们在繁育实验中特意选择出来的突变体，它们的突变概率更高，远远超过正常的野生型，因此稳定性往往更差。对此我们应该是不会再感到惊奇的了。

不稳定基因受温度的影响小于稳定基因

我们再来看突变可能性公式：

$$t=\tau e^{W/kT}$$

我们问：t 怎么不随温度变化？从上面的公式我们可以发现温度为 T+10 时的 t 值和温度为 T 时的 t 值之比近似为：

$$\frac{t_{T+10}}{t_T}=e^{-10W/kT^2}$$

可以看到指数为负数，比值小于 1，这代表着预期时间随着温度的升高而减少，突变的可能性增加。相关的实验已经在果蝇身上验证过了，结果既有惊喜也有意外。野生型基因的低突变可能性随着温度的升高而明显提高，但是具有较高突变可能性的、已经突变过的基因却不是这种情况。这正是我们在比较两个公式时所期望的。根据第一个公式，一个大的 W/kT 值依靠 t 变大稳定基因。根据第二个公式，增大 W/kT 的值，直接导致计算出来的比值减小，也就是说随着温度的变化突变可能性将大幅提高（比值的实际值介于 1/2 和 1/5 之间，其倒数为 2 ~ 5，后者是我们在化学反应中所说的范特霍夫因子）。

X 射线如何诱发突变

现在我们来聊 X 射线诱发突变的突变率。我们已经从繁育实验中推断出，首先，根据突变率和剂量的比例关系来看，突变是由单一性的事件引起的；

其次，基于定量结果，以及突变率由累计电离密度决定且与波长无关的事实来看，这个单一事件必须是一种电离作用或类似的过程，并且这一过程发生在只有10个原子距离的立方体内。

根据前面的解释，克服阈值的能量必须由类似爆炸或电离的过程提供，因为一次电离所消耗的能量（顺便说一句，不是X射线本身，而是它产生的次级电子所消耗的能量）高达30电子伏特。这个过程中的放电点周围一定会有大量的热运动，以原子强烈振动的“热波”形式散播开来。这种热波仍然能够在大约10个原子距离的平均“作用范围”内提供所需的1或2电子伏特的阈能。

当然，一个细心的物理学家很可能已经推断出了一个更小的热运动作用范围。在许多情况下，爆炸的影响不是有序的异构体转变，而是染色体的损伤。这种损伤通过杂交而变得致命，未受伤的染色体（第二套染色体，即配对的那一条）会被受伤基因所替换，导致致命性的后果。这些结论是可以预期的，也是可以被观察并证实的。

效率并不依赖于自发的易变性

有一些特征我们很难预测，但是依旧可以通过理论推演来理解。例如，一个不稳定的突变体的X射线突变率并不一定高于一个稳定的突变体。也就是说自发突变率和X射线的诱发突变率之间没有直接关系。比如，爆炸产生30电子伏特的能量时，不管所需的阈能是多于或是少于1电子伏特（或1.3电子伏特），最后效果之间的差别是很小的。

可逆突变

跃迁的研究可以从两个方向来考虑，比如一个野生型的基因突变成特定的突变体，再从突变体变回先前的野生基因型。有时候这两种情况下的自然突变率是基本相同的，但有时却又完全不同。

乍一看，这很让人疑惑，因为这两种情况要克服的阈值似乎是一样的。但是，事实并非如此，因为我们必须从初态构型的能级出发来进行衡量。野生基因和突变基因所处的能级是不同的（见图 12，图中的“1”可认为是野生的等位基因，“2”可认为是突变基因，突变基因具有较低的稳定性，图中用短箭头来表示），所以出现了我们意料之外的情况。因此，德尔布吕克的“模型”能够很好地经受实践的检验，我们有理由考虑进一步应用它。

第六章
有序，无序和熵

从模型中可以得出一些值得注意的结论

让我参考第五章第七部分最后的一句话：从基因分子来看，这些微型密码应该与高度复杂和特定的发育进程精确对应，并且应该以某种方式包含了让密码起作用的程序。

但是这些基因分子是怎么做到的？我们如何将这种解释转变为真正能理解的理论？

德尔布吕克的分子模型很普通，其中似乎没有暗示遗传物质是如何工作的。坦白地讲，我认为对于这个问题，物理学不能够提供任何有用的信息。但我相信，随着生理学、遗传学和生物化学的发展，对这个问题的研究会不断取得进步。

之前遗传物质的结构无法给出关于遗传机制是如何发挥功能的详细信息。但是，我写这本书的唯一动机是给出一个普遍的结论。

从德尔布吕克关于遗传不稳定的总体介绍来看，生物虽然并未逃避迄今已确立的“物理定律”，但很可能涉及迄今未知的“其他物理定律”。然而，这些定律一旦被发现，将与之前的定律一起构成这门科学的一个组成部分。

由序导出序

这是一种非常微妙的见解，并且在很多方面都引起了误解。本书剩下的部分会力图澄清这些误解，给出一个略显粗糙但合理的初步解释。

第一章中已经解释过，我们所知道的物理定律都是基于统计学的。事物走向无序状态的自然倾向与这些定律有着密切的联系。但是，为了调和遗传物质的高度耐久性和它的微小尺寸，我们不得不通过“设想的分子”来避免混乱的趋势。事实上，一个不同寻常的大分子，它必须是高度分化且有序的杰作，同时还受到了量子论的魔法保护。机遇法则并没有因为这种“设想的分子”的出现而失效，但它的结果得到了进一步修正。

量子理论已经在低温领域修正了很多物理学的经典定律，物理学家非常熟悉经典物理定律被量子理论修正的过程。这类例子还有很多，生命就是其中之一，而且还是其中一个非常特别的例子。物质有序且规律的行为在生命中得到了完美体现，它的基础不是从有序转为无序的倾向，而是基于部分的现存秩序。

我上述的说法希望能让物理学家意识到活的有机体是一个宏观的系统，它的行为部分接近于所有系统所趋向的纯机械（与热力学相反）行为，即当温度接近绝对零度时，所有系统的分子的无序状态都会倾向于消失的行为。

对于非物理学家来说，那些高精确的经典物理学定律最终会走向无序的趋势，是一件非常匪夷所思的事情。

我在第一章中举了一些例子，其中谈到的普遍原理就是著名的热力学第二定律（熵原理）及其统计学基础。之后，我们将完全忽视染色体和遗传等知识，来探讨一下熵原理对生命有机体宏观行为的意义。

生命物质避免了向平衡衰退

生命的特征是什么？一个物体什么时候能被称作是活的？答案很简单，当它做“某些事情”的时候就表明它是活的，必须持续运动，或者与环境交换物质，并且它“继续保持下去”的时间会比一个没有生命的物体在相似的情况下要长得多。如果是一个没有生命的系统，当它被独立出来或置于一个均匀的环境时，所有的运动由于周围的各种作用力会很快停下来。比如电势或化学势的差别消失了，形成的化合物由于热传导的作用，温度也变得均匀了。在那之后，整个系统会变成一团死气沉沉的物质，达到一种持久不变的状态，不再出现可观察的事件。物理学家称之为热力学平衡状态，或“最大熵”。

事实上，这种状态是随处可见的，虽然在理论上它通常还不是绝对平衡，还不是真正的最大熵，因为最终达到平衡的过程非常缓慢。它可能需要几个小时、几年，甚至几个世纪……

举一个趋向平衡状态较快的例子：将一个装满清水的玻璃杯和另一个装满糖水的玻璃杯放在一个密闭的恒温箱中，一开始似乎什么都没有发生，会给人一种系统内完全平衡的印象。可是过了一天左右，可以发现在较高蒸汽压的作用下，清水慢慢地蒸发了出来，最后凝聚在糖水上面，随着时间的推移，清水越来越多，最后糖溶液溢出来了。直到清水全部蒸发后，糖才能均匀地分布在箱内的所有水中，并且不会再发生变化。

这种最终缓慢地向平衡趋近的过程不会被误认为是生命，这是公认的常识，只是为了避免别人指责我的不准确，我才在这里额外说明一下。

以“负熵”为生

一个有机体正是为了避免衰退到“平衡”的惰性状态，因而显现出活力。从人类思想的最早时期起，一些特殊的非物质或超自然力量就被宣称在有机体中起作用，直到现在依然有人坚持这样的主张。

那么，有机体是如何避免衰退到平衡的呢？显而易见的答案是：通过吃、喝和呼吸。这里有一个专业术语，叫作“新陈代谢”。这个词来自古希腊语μετάβαλλειν，意思是变化或交换。

交换什么呢？最初大部分人都认为是指物质的交换（例如，新陈代谢这个词在德文中的意思就是指物质的交换），但这种看法是不准确的。我们知道，生物体中的氧、氮、硫等任何一个原子与环境中的同类原子都是一样的，那么把它们进行交换又有什么用呢？后来有人说能量是我们赖以生存的基础。这样，我们就暂时按下了好奇心。在一些发达国家（我记不清是德国还是美国，或者两个国家都有）的饭馆里，菜单上除了价目以外，你还会发现在每道菜的名字后面标注了它所包含的能量。这非常荒唐，因为一个成人体内所含的物质与所含的能量都是固定不变的。既然体外的卡路里与体内的卡路里的价值相等，那么，这样的单纯交换又能有什么用处呢？

食物中究竟有什么珍贵物质能使我们免于死亡呢？其实答案很简单。自然界中的每一个过程、事件以及突变等，它们在发生的过程中与之相对应的那部分熵也在增加。因此，一个活的有机体不断地增加它的熵，或者说是产生正熵，就会趋向于接近最大熵的危险状态，也就是死亡。有机体只能通过不断地从它周围的环境中吸取负熵来远离死亡。下面我们马上就会知道负熵是一个非常积极的东西。有机体以负熵为食，或者说新陈代谢的关键在于，有机体成功地将自己从活着时不得不持续产生的熵中解放出来。

熵是什么？

首先我要强调的是，它不是一个模糊的概念，而是一个可测量的物理量，就如同棒子的长度，物体任何一点的温度、晶体的熔化热、物质的比热等。任何物质的熵在处于绝对零度（大约 –273℃）时都等于零。当你通过缓慢、可逆的步骤使物质进入另一种不同的状态时（即使物质因此改变其物理或化学性质，或分裂成两个或多个具有不同物理或化学性质的部分），熵的增加量就可以这样计算：用过程的每一小步中系统吸收的热量除以吸收热量时的绝对温度，然后把每一小步的结果加起来。例如，当你熔化一个固体时，它的熵会增加，增加的量是熔化的热量除以熔点温度。因此，熵的单位是卡 / 摄氏度。

熵的统计学意义

为了消除笼罩在熵概念上的迷雾，我刚刚已经简单地探讨了熵的专业性定义。对我们来说，更重要的是有序和无序的统计学概念，以及熵和序之间的关系。玻尔兹曼和吉布斯的统计物理学研究已经用一个定量公式精确表达了这一关系。表达式为：

$$熵=k\log D$$

其中 k 是所谓的玻尔兹曼常数（$k=3.2983\times10^{-24}$ 卡 / 摄氏度），D 是有关物体原子无序性的定量测量，用简单的非专业术语对 D 给出准确的解释几乎是不可能的。它包含了两种无序：一种是热运动的无序，一种是不同原子或分子没有规律的随机混合，例如之前引用例子中的糖和水分子就是后一种无序。玻尔兹曼公式在这个例子中得到了完美的诠释。随着糖在水中慢慢散开，系统的无序性 D 也随之增加，熵也随之增加（因为 D 的对数也随着 D 而增加）。很明显，任何热量的供应都会增加热运动的混乱性，也就是说，增加了 D，从而增加熵。这是为什么呢？下面的例子可以解释得更清楚：当熔化一种晶体时，晶体原先的原子或分子的整齐排列就被破坏了，晶格变成了一种连续变化的随机分布。

所以，一个孤立系统或在一个均匀环境中的系统（在目前的研究中，我们最好将环境作为考虑的系统的一部分），它的熵会增加，并或快或慢地接近最大熵的惰性状态。我们现在认识到，物理学的这一基本定律正是事物接近混沌状态的自然趋势（这种倾向就如同书桌上放着一堆书籍、纸张和手稿等东西所表现出的杂乱情况，我们必须时不时把东西归于原位才能保持书桌的整洁）。

从环境中抽取“序”来维持组织

我们如何用统计学理论来表达一个活的有机体可以有效地抑制这种趋向热力学平衡（死亡）的神奇能力？我们之前说过：“有机体以负熵为食”，这就好比生命有机体借助于外界的负熵来消除它体内的正熵，从而使自己保持在一个稳定的、相当低的熵水平上。

如果 D 是无序性的量度，那么它的倒数 $1/D$ 可以看作有序性的量度。由于 $1/D$ 的对数正好是 D 的负对数，玻尔兹曼方程可以写成如下形式：

$$负熵 = k\log(1/D)$$

因此，若是觉得“负熵”这词有点难以理解，还有一个更精准的说法：取负号的熵正是有序的一个量度。这样，有机体要保持自身维持在相当高的有序水平（等于相当低的熵水平），就需要不断地从环境中吸取有序性。这个结论听起来就更为合理一些，但其中并没有严谨的推导。众所周知，高等动物完全就是汲取这种序来维持生命的，也就是说被它们当作食物的有机物的状态都是高度有序的。高等动物吃了这些食物后，排泄出来的是降解后的物质，这些物质并没有完全降解，因此其中含有一定量的序，可以被植物利用（当然，植物最大的“负熵”来源是太阳光）。

关于第六章的注释

关于负熵的评论曾遭到了物理学界同事们的质疑和反对。我首先要说的是，如果我是为了迎合他们的喜好，我应该在这里大谈特谈自由能。然而，从语言学的角度看这个术语与能量太接近了，这样使得普通读者分不清楚它们之间的区别。读者们可能很容易简单化地认为自由只是个形容词而已。但事实恰恰相反，自由能远比读者想象的更为复杂。因此，用玻尔兹曼有序–无序的原理不一定就比用熵和“取负号的熵”表达得更清晰。顺便说一句，“负熵”这个词不是我的发明。因此，上面的表述正好是玻尔兹曼原始论证所涉及的东西。

F. 西蒙曾向我指出，我这种简单的热力学解释不能用于理解为什么我们赖以为生的是“有序的有机物”，而不是木炭或金刚石?

他的质疑是对的，但对一般读者来说，一块没有烧过的木炭和一块金刚石，连同燃烧所需的氧气，都处于极为有序的状态中。物理学家可以很好地理解这一点，因为煤炭在燃烧中会产生大量的热，通过把热发散到周围环境中，这个系统就去除了由于反应而增加的很多熵，并且达到了与之前大致相同的熵的状态。

但是，我们不能以反应的产物二氧化碳为生，所以西蒙的话非常正确，食物中含有的能量确实很重要，而我对菜单中标明食物热量的嘲笑是非常错误的。我们需要摄入能量来补给体力消耗的机械能和不断向环境释放的热量。我们向外放出热量不是偶然，而是必不可少的，因为这正是我们处理物质生命过程中不断产生的过剩熵的方式。

这似乎表明，温血动物较高的温度有利于它以更快的速度释放熵，从而能够承受更激烈的生命活动。我不确定这个论点是不是真理（对此负责的是我，而不是西蒙）。另一方面，许多温血动物被毛皮或羽毛保护，以防止热量迅速流失。因此，我认为存在的体温和“生命强度”之间的平行性，可能需要用范特霍夫定律来解释：较高的温度本身会加速生命中涉及的化学反应（事实上确实如此，已经有一些实验证据）。

第七章
生命是以物理学定律为基础的吗？

有机体中的新定律

简而言之，我想在最后一章里阐明的是，生命物质的结构以及它的工作方式不能简化为普通物理定律。这并不是因为有什么“新的力”指导着生物体内原子的行为，而是因为这种结构不同于我们在物理实验室测试过的任何东西。这就好比一个专长热引擎的工程师，在检查了一台电动机的构造之后，发现它是按照一些工作原理在运行，但他并不掌握这些原理。他会发现原本很熟悉的、用来制锅的铜在这里变成了很长的铜丝并绕成了线圈。他还会发现过去用于制造杠杆和气缸的铁在这里却嵌在铜线圈里。不过，由于这些物质是铁和铜，因而也必须遵循同样的自然规律。在这一点上他没有错，但是，由于构造的不同，这些装置以一种截然不同的方式做功。尽管没有锅炉和蒸汽，只需要按一下按钮就可以启动它，但他不会认为电动机是鬼魂驱动的。

生物学状况综述

有机体在生命周期中展开的事件，拥有美妙的规律性和秩序性，是任何一种无生命物质都无法与之比拟的。我们发现，生命受一种高度有序的原子团控制，尽管每个细胞中这种原子团只占原子总数很小的一部分。而且，根据我们已经形成的、关于突变机制的观点可以判断，生殖细胞中“支配原子”群中的几个原子发生了错位，就足以使生物体的遗传特征发生明确的变化。

这无疑是当今科学揭示的最有趣的事情。慢慢地，人们会发现这个理论不再那么难以接受。一个有机体为了避免向原子混沌状态衰退，于是在它自己身上集中了“序的流束”，并且在环境中“汲取序”。这种天赋与染色体分子的存在和“非周期性固体”有密切关系。毫无疑问，这种固体是目前人们所知道的、最高度有序的原子集合体，它比普通的周期性晶体有更为高级的序，因为它是靠每个原子和每个基团在内部各自发挥着作用。这种说法听起来能够自圆其说，那是因为我们借助了已知的关于有机体的其他事件的经验，那些事件提供了无可辩驳的事实。因此，它有点像循环论证。

物理学状况综述

我必须反复强调一点，对物理学家来说这种事态是“有道理的”，而且非常让人惊喜，因为它是前所未有的新事物。同一般人的想法相反，物理学的定律支配着这种事件的进程，虽然这样的进程是有规律的，却不像是大量相同分子组成的液体、周期性晶体或气体里存在的那种高度有序的构型。

即使当化学家在体外研究这种非常复杂的分子时，他也必须面对大量相似的分子。他利用现有的化学定律研究这些分子。在此过程中，他可能会告诉你，有一半分子在某个特殊反应开始 1 分钟后发生了变化，3/4 的分子在 2 分钟以后起了反应。可是，如果你跟踪的是其中的一个特定分子，化学家没有办法预测这个分子究竟是在反应中，或者没有反应，因为这是一个纯粹的偶然事件。

这并不是一种纯粹的理论推测。我们并不否认可以观察到单个原子团或原子的运行规律，但是观察到的都是一些完全无规律的图像，我们只有通过统计的方法才能摸清它们的整体规律。

我们曾经在第一章里举过一个例子，液体中悬浮微粒的布朗运动尽管是不规则的，但是如果还有其他很多同样的微粒，我们就可以从它们的不规则运动中发现有规则的扩散。

单种放射性元素的衰变是可以观察到的（它发射出的“子弹”在荧光屏上可以引起可察觉的闪烁）。但是，如果给你一个单一的放射性原子，那么它的寿命说不定比一只健康的麻雀更不确定。我们只能说：只要它活着（它可能已经存在了几千年），它在下一秒钟里湮灭的概率是相同的。尽管一个原子不能决定自己的命运，但对于大量这样的放射性原子来说，它们却存在着极为精准的半衰期。

明显的对比

在生物学中，我们面临着完全不同的情况。在研究个体发育的最初阶段，只存在于一份拷贝中的单原子团有序地发生着一些事件，在同环境之间以及相互之间遵从微妙的法则而做出奇异的调整。我这里所说只存在于一份拷贝中，是因为还有诸如卵子和单细胞有机体这类的例子。高等生物发育后期的拷贝数目增加了很多，可是，可以增加到什么程度呢？

这个数字在哺乳动物中可以高达 10^{14}，相当于 1 立方英寸（3.7037×10^{-5} 立方米）空气中的分子数目的百万分之一。这个数量非常之大，但其实聚集起来也只不过能形成一个小液滴。我们还可以看一下它们的实际分布方式，每一个细胞正好包含了这些拷贝中的一个（对于二倍体来说是两个）。如此看来，这个小小的中央机关的权力隐含在一个个独立的细胞里，每个细胞就像是分布全身的地方政府的分支机构，它们通过共同密码进行着信息交流。

这是一种奇妙的描述，仿佛这一切不是出于科学家之手，倒是有点像出自诗人的手笔。然而，这一切并不需要诗意的想象，只需要清晰而冷静的科学反思就可以认识到。与物理学“概率机制”相比，它们有序地、规则地展开的“机制”是截然不同的。我们观测到每个细胞中的指导原则都体现在一个单一拷贝（有时是两个拷贝）的原子联合体中，并由这个原则产生一桩桩高度有序的事件。无论我们是否感到惊讶，反正这个微小且高度组织化的原子团能够以这种方式起作用，这是在生命活体以外的任何地方都未曾有过的情况。物理学家和化学家在研究无生命的物质时从来没有用这种方式来解释这种现象，这是因为我们的统计理论没有涵盖它。通过统计力学理论我们看到了背后的东西，从原子和分子的无序中我们可以推导出严格且有序的物理学定律，我们还推导出了无所不包的熵增定律，因为熵只是分子自身的无序性而已，并非其他的什么东西。

产生序的两种方式

在生命展开过程中遇到的序有不同的来源。一般来说，有两种不同的“原理”可以产生有序的事件：从“有序来自无序”的“统计原理”和“有序来自有序”的“新原理”。对于一个立场公正的普通人来说，第二个原理似乎更为简单。而物理学家们曾经非常赞成另一种方式，即有序来自无序的原理。自然界遵循这个原理，而我们理解自然界事件的发展线索也必须从这个原理出发，并进一步探求这种发展的不可逆转性。但我们不能指望从它衍生出的“物理定律”就足以直接解释生物的行为，而生物最显著的特征显然在很大程度上是基于“有序来自有序”的原理，就像你不可能用你的钥匙打开邻居家的门。

因此，我们不必对物理学的通常定律无法解释生命而感到沮丧，因为这正是我们基于生命物质结构的知识所能预料到的。我们必须准备好去寻找在生命有机体中起支配作用的物理学定律。这种定律不能被叫作非物理学定律，应该被称为超物理学定律。

新原理不违背物理学

不，我不这么认为。因为这个新原理是一个真正的物理原理；在我看来，它不过是量子理论的又一次重演。为了说明这一点，我觉得有必要对前文的全部物理学定律从统计力学的角度做一点补充和改进。

这一论断一次又一次地被提出，难免引起矛盾。因为有些现象的显著特征确实基于“从有序来自有序”的原理，似乎与统计学或分子无序性毫无关联。太阳系的秩序，行星的运动，几乎无限期地持续着。如今的星座和建造金字塔时代的星座没什么区别，一切都可以追溯，反之亦然。我们现在对古代历史上的日食和月食可以进行推断，这和历史记录也都吻合，有些时候这些计算还能用于矫正曾经的年表。这些计算并没有用到统计力学，只需要运用牛顿的万有引力定律即可。

一台时钟或者其他任何类似的机械装置，它们的有规则运动都与统计力学无关。所有的纯机械事件似乎都明确而直接地遵循“有序来自有序”的原理。我们所说的“机械的”事件或行为，更多地说的是这个名词的广义概念。比如有一种时钟，它是靠供电站定期传输的电脉冲来运转的。

我记得马克斯·普朗克[1]写过一篇题目为《动力学型和统计力学型的定律》的论文。与之对应的还有一篇德文版《动力学和统计力学的合法性》。这两篇论文的区别正好就是我们在这里所说的“有序来自无序”和“有序来自有序”的区别。前一篇论文阐述了控制微观事件的规律怎样构成控制宏观事件的统计力学型定律，后一篇则阐述了控制微观事件的规律就是控制单原子和单分子相互作用的动力学。

由此看来，作为了解生命的“新原理”，即“有序来自有序”的原理，对物理学家来说并不是什么新玩意儿。普朗克甚至论证过这条线索的优先权。我们似乎得出了一个结论，即理解生命的线索是建立在一个纯粹机械论的基础之上。在我看来，这个结论并非完全错误，但也不可全信。

1　马克斯·普朗克：德国著名物理学家，量子力学的重要创始人之一。

钟的运动

让我们准确地分析一下钟表的运动，它并不完全是一种纯粹的机械现象。一台纯机械的钟没有发条，也不需要用发条。一旦启动，它就可以永远持续下去。而一台钟如果真的没有发条，那么钟摆在摆动几下后就会停止，因为它的机械能转化为了热能。这是一个无限复杂的原子过程。物理学家提出了这个解释，不过他们必须承认相反过程是有可能的：一台没有发条的钟，依靠消耗环境的热能和自己的齿轮的热能，可以突然开始走动。物理学家一定会说：钟经历了一次强烈的布朗运动。我们已经在第一章第九部分里讲过，对于一个非常灵敏的扭力天平（静电计或电流计），这种事情确实会发生。但是，对于时钟来说，这是不可能的。

那么，时钟的运动能否归结于动力学型或统计力学型的事件（借用普朗克的表述），这取决于我们的态度。如果称之为动力学现象，想要开始规律地运动，我们只需要一根发条就可以做到。这根发条需要克服的热运动干扰本身是很小的，可以忽略不计。可是，如果没有发条的时钟由于摩擦阻力的存在而渐渐地停摆，那么这种过程就可以理解为一种统计力学现象。

从实用的角度来看，无论钟表的摩擦和发热效应多么微不足道，即使我们面对由发条驱动的钟，第二种态度依旧是最合理的。这是由于没人会认为时钟走动与统计力学的性质毫无关系。但是，物理学也不排除这样一种可能性：通过消耗环境中的热能，一台正常运行的时钟可以立刻使它的运动逆转，重新上紧自己的发条，向后倒退着运行。这件事与没有发动装置的“布朗运动”激发的时钟相比，并无区别。

钟表装置隶属于统计学

现在让我们回顾一下，我们分析的例子代表了不适用分子统计力学原理的事例。由实在的物理学的物质构成真正的钟表装置，并不是我们所认为的那种“钟表式工作”。偶然的因素可能有所减少，时钟突然间出错的可能性微乎其微，不过它们毕竟是存在的，始终保留在统计的背景之中。

即使在天体运动中，热和摩擦的不可逆影响也是存在的。比如地球的自转会因潮汐力而慢慢减弱，当然，随着潮汐力的减小，月球也会逐渐离地球远去。但如果地球是一个刚性旋转球体的话，情况就完全不同了。事实上，“物理学的钟表式工作”依旧十分清晰地展现了“有序来自有序”的特点。当物理学家在有机体中遇到这些特征时，这种特征鼓舞了他们。两者看来确实还有共同之处。可是，这个共同之处究竟是什么，以及究竟是什么使得有机体变得与众不同，并拥有前所未有的差别，这一点还有待了解。

能斯特定理

作为原子集合的一个物理系统，什么时候会显示出“动力学规律”，或者说是普朗克笔下的“钟表式工作的特点”？量子理论对这个问题有一个非常简短的答案，那就是在绝对零度时。当温度接近绝对零度时，分子的无序性不再对物理事件产生任何影响。顺便说一句，这个事实并不是通过理论发现的，而是通过仔细研究在不同温度范围内的化学反应，并将结果外推到绝对零度（绝对零度是无法达到的）。这是沃尔特·能斯特[1]著名的“热定理”，它有时被称为“热力学第三定律”（第一定律是能量原理，第二定律是熵原理）。

量子理论为能斯特的经验定律提供了合理的基础，也使我们能够估计一个系统如何才能接近绝对零度，以便显示近似于“动力学”行为。那么在什么特定情况下，温度会接近绝对零度呢？

不要认为这一定是一个非常低的温度。事实上，能斯特发现即使在室温下，熵在许多化学反应中仅起着极其微不足道的作用（让我回想一下，熵是分子无序的直接量度，即无序性的对数）。

钟摆实际上可以看作在绝对零度下工作

对于一台钟摆来说，室温实际上就等于绝对零度，这就是它为什么以“动力学式”工作的理由。即便是把钟摆降温，不断冷却，它还是会继续地摆动（前提是你已经清理了上面所有的油渍）。然而，如果给钟摆加热，它就会开始慢慢熔化，不再继续工作下去了。

有机体与钟表装置之间的关系

这个问题看起来似乎微不足道，但我认为它触及了事物的根本。钟表装置之所以能够“动力学式”地运转，是因为它们是由固体构成的，这些固体

1 沃尔特·能斯特：德国卓越的物理学家、物理化学家和化学史家。

在海特勒－伦敦力的作用下保持形状，强度足以抵抗常温下热运动的无序趋势。

现在，我想要揭示钟表装置和有机体之间的相似之处。简单地说，后者的运转也依赖于一种固体，也就是形成遗传物质的非周期晶体，这让有机体在很大程度上避免了热运动的无序趋势。但请不要指责我把染色体纤维称为“有机体的机器齿轮”，这是一个没有深奥物理学理论的类比。

虽然这种相似性在生物学中是如此的新奇，可谓前所未有，但我们并不需要用太多的笔墨来解释其中的区别。“有机体的机器齿轮”有两个显著的特点：第一，这种齿轮奇妙地分布在一个多细胞的有机体中，关于这一点读者可以在本章第四部分中找到我曾经对之作过的诗一般的描述；第二，这种单个的齿轮不是粗糙的人工制品，而是沿着上帝的量子力学路线而形成的精美杰作。

后　记

决定论与自由意志

我不带任何成见地阐述了我所关注的问题的纯科学的一面，我还想就这个问题的哲学方面谈一点个人的主观看法。

从前面的内容中可以看出，发生在生物体内的事件总是占据一定的时间和空间，无论这些事件是对应意识活动，还是对应自觉或其他活动（考虑到这些事件的复杂结构和公认的物理化学的统计学解释），都可以归咎为严格的决定论或者统计决定论。

我要对物理学家强调一点，我认为在这些事件中，量子的测不准定律是不起什么生物学作用的，虽然这一论点可能和别人所持的观点不同。只有在减数分裂、自然突变和 X 射线诱发突变之类事件中才有例外，因为它们纯粹偶然的特性在这些事件中有可能因此加强。这一点是众所周知且为大家所承认的。

为了论证方便，请像一位没有任何偏见的生物学家一样，把这个观点当作一个事实，不要因为“我们是一台纯粹的机器”而产生不愉快的心情。尽管这种看法与直接内省所启示的自由意志相矛盾。

虽然直接经验就其本身来说是各不相同、多种多样的，但是它们在逻辑上却相辅相成，并不矛盾。因此，让我们尝试一下从下面的两个前提中推导出正确且不矛盾的结论来：

（1）我的身体就像一台纯粹的机器，遵循着自然界的定律。

（2）根据毋庸置疑的直接经验，我总是在指导着自己身体的运动，并且能预见结果。这些结果十分重要，具有决定性意义。鉴于此，我有必要对这一结果负全部责任。

我认为，从这两个事实可以得出一个唯一的推论，那就是在述说着“我”的这个人，这个能感觉到“我”的头脑，就是按照自然规律来控制原子运动的人。

在特定的文化圈中，有些概念（在非英语民族中也许曾经有过）已经变得专门化，因此把它们直接、简单地赋予含义是很草率的事情。例如，在基督教的语境中，“因此我是万能的上帝”这句话是狂妄和亵渎神灵的。不过请你先把这些含义暂时撇开，思考一下生物学家能否用这句话来证明上帝的存在与不朽。

对这句话的解释并不算是什么新鲜事，它可以追溯到大约 2500 年以前的记载。根据古代著名的《奥义书》，印度人就已经认识到阿特玛（ATHMAN，我）等于梵（BRAHMAN）这一概念（即个人的自我等于无所不在、无所不包的永恒自我）。这绝不是亵渎神灵，而是代表了对世间事物最深刻的洞察。所有婆罗门吠檀多派的学者领会这句话后，都努力地把这种思想融入他们的意识之中。

除此之外，许多个世纪之前的神秘主义者都曾不约而同地描述过自己一辈子的经验。这些经验可以总结为一句话：我已成为上帝（DEUS FACTUS SUM）。

虽然叔本华和其他一些哲学家一直在支持这种思想，但它对于西方的意识形态领域来说还是比较陌生的。比如那些真正的情侣，当他们互相凝视时，会意识到彼此的思想和情趣是相似的，达到了一种和谐统一。但当感情过于激烈，无法清晰思考的时候，他们又和神秘主义者如出一辙。

请让我再做进一步的解释。知觉从来不是在复数中被感知的，只能从单数中获得。即使在精神分裂或双重人格的病例中，两个人格也是交替出现，无法同时存在。诚然，有时我们在梦中可以同时扮演几个角色，但实际上还是有差别的。我们只能同时附身在其中一个角色身上，通过那个角色的身份进行行动和说话。当我们迫切地期望另一个角色作出回答或反应时，却没有意识到我们就像控制自己一样，也在控制着这个人的言行。

《奥义书》的作者特别反对复数这种观念，那么复数究竟是怎样产生的呢？知觉是一个有限范围的概念，它总是与身体的物理状态紧密相连，并且依赖于它。当然这要考虑到身体在发育过程中青春、成年、老年的意识变化，或者要考虑到发热、酒醉、麻醉和脑损伤等对意识的影响。然而现在的问题是，存在众多相似的肉体，因此知觉或意识的复数化就是一个含义颇丰的假设。大多数西方哲学家和坦诚朴素的人已经接受了这个不争的事实。

这个假设使得人们可以立即寻找到灵魂的存在，有多少个肉体就有多少个灵魂。与此同时也产生了这样一个问题：灵魂是不是也和肉体一样要经历死亡？或者它是永生的？第一种选择是我们不愿看到的，后一种选择却直接否认和忽视了众多性假设所依据的事实。除此之外，人们还常常会问许多更加愚昧的问题，比如动物也有灵魂吗？甚至是不是只有男人才有灵魂而女人没有灵魂？这些结论虽然只是推测性的，但是多少会影响我们对众多性假设的判断。而这些假设正是影响西方宗教的重要因素。如果我们可以摆脱这些明显的迷信，但保留灵魂众多性的朴素观念，同时宣布灵魂一定要死亡，或者灵魂会随着肉体一起死亡来“弥补”众多性的观念，这样一来我们岂不是更加荒谬了吗？

因此，唯一的方法就是相信直接经验，即知觉是单数的，关于知觉的复数性是未知的。也就是说，这里虽然看上去有好多个东西，但其实只存在着一个，是由幻觉产生的同一东西的不同方面而已。如同一个人身处一个有很多面镜子的房间，就会产生许多幻觉。

事实上，还有更多的无稽之谈妨碍着人们去接受这种认识。比如，我的窗外有一棵树，但我并没有真正看到它。这棵真正的树通过一些巧妙的方式让它自身映射到了我的知觉中，那就是我感受到的东西。我们可以探索到这些巧妙方法的最初几步。如果你站在我旁边看同一棵树，树也设法把一个映像投入你的知觉。然而，你看到的是你的树，我看到的是我的树，而我们对这棵树是什么却一无所知。这种夸张的言论来自康德的描述。对于知觉是一个单数性名词的观念来说，所谓映像之类的说法是荒谬的，因为那里只有一棵树。

然而，我们每个人都有一个无可辩驳的印象，那就是自己的经验和记忆的总和形成了一个完全不同于任何其他人的统一体。我们把这个统一体叫作“我”。可是，这个“我”又是什么呢？

如果认真分析一下，你将会发现它就差不多是个人资料（经验和记忆）的集合。也就是说，它就像一张油画画布，在其上面汇集的材料不可能超越画布所能包容的总量。通过仔细的内省，你会发现所谓的“我”，就是那块画布，用于承载那些能聚集起来的资料的载体。假如有一天你来到一个遥远的国度，看不到一个熟悉的朋友，因为长时间未联系，也许你把他们都忘记了。但是在这个新的国度，你又有了新的朋友，就像是过去的老朋友一样。你在过着新的生活的同时，还记得曾经的生活，但是那些事实逐渐开始褪色，变得越来越不重要。

慢慢地，你开始用第三人称谈论“青年时代的我”，你发现自己正在阅读的那本小说中的主人公对你来说，显得更加贴心、更加熟悉、更加亲切。在这样的状态下，过去并没有死亡，也没有中断。即使一个高明的催眠师抹去了你早期的全部记忆，你也不会觉得他杀了你。在任何情况下，只要你个人存在，就不会有失去个人的悲哀和凄凉。

未来亦是如此。

意识和物质 02

第一章
意识的物质基础

问题

世界的概念是由我们的感觉、知觉和记忆共同构成的。把它看作一种客观的存在是很方便的做法，但是这样的世界没有办法显示出实际的形态。想要让世界显形，就只能依靠发生在世界特殊部分中的一些特殊事件。这些特殊事件就是发生在我们大脑里的某些事件，这是一种非常特殊的暗示，因而引出了一个问题：大脑活动是凭借什么样的性质使得自身区别于其他活动，并且创造出了世界的形象？或者更简单一点：什么样的物质过程与意识是直接相关的？

一个理性主义者可能倾向于简略地处理这个问题，基于自身日常的经验以及对其他动物的观察来看，意识通常与发生在有机体内的某些事件相关联，特别是与神经功能有关。但是，对于那些更为本源的问题，比如动物的意识缘起于哪个“低级”阶段？或者意识的早期形态是怎样的？这些我们都无法回答，甚至无法推测。至于其他形式的事件，比如在无机物中发生的事件是否与意识相连，就更无头绪了。这些问题对于我们来讲是无法证明的、是空想的，但又是无法驳斥的，因此它们不会对我们的认知产生价值。

然而，我们对这些问题采取避而远之的态度并不是理性的行为，选择逃避也就意味着我们任由理性世界中留下神秘的空白。神经细胞和大脑在某些种类的有机体上出现是一个非常特殊的事件，其意义不言而喻。神经细胞和大脑是一种非常特殊的机制，个体通过它就可以随着环境的改变而不断做出行为上的调整，这是一种适应环境变化的机制。

无论在哪里，这种机制都能很快地占据主导地位，因此它是所有机制中最精致和最具有创造力的。然而，它不是独一无二的。很多种生物体，尤其是植物，可以用完全不同的方式达到相似的功能。

我们是否要相信，在高等动物的发展过程中有一个特殊的转折点，世界在这个转折中借助意识之光照亮了自己，并且让高等动物有了意识。否则世界就如同一场没有任何观众的演出，不为任何人存在，我们也无法感觉到它的存在。若真是如此，这个世界的美好图景就会崩塌。因此，我们应该想方设法寻找出路，不能因为理性主义者的嘲笑而停止探索。

在斯宾诺莎[1]看来，每一种生命或事物都是一种无限实体，由神所创造。它通过每一个属性来表达自己，特别是广延属性和思维属性。前者是它在空间和时间上的物理存在，后者是指一个人或动物在生命延续时期的思想。但对斯宾诺莎来说，任何无生命的事物同样也是“上帝的思想”，也就是说它也存在于第二个属性中。我们在这里感知到了一个大胆的想法，即宇宙中的一切都是有生命的。这种理论并非第一次出现，甚至在西方哲学中也不是斯宾诺莎首创。两千年前，爱奥尼亚的哲学家就提出了“万物有生命论”。在斯宾

1 巴鲁赫·德·斯宾诺莎：犹太人，近代西方哲学的三大理性主义者之一，与笛卡儿和莱布尼茨齐名。他的主要著作有《笛卡儿哲学原理》《神学政治论》《伦理学》《知性改进论》等。

诺莎之后，古斯塔夫·西奥多·费希纳[1]也认为植物、地球，乃至行星系统都拥有生命。我不喜欢陷入这些幻想之中，但我也并不想对哪个更接近于真理作出判断，无论是费希纳还是理性主义。

试探性的回答

当我们试图去扩展意识领域，希望把一些事情与神经过程以外的其他过程联系起来，都会陷入没有证明也无法证明的境地之中。若我们从相反角度思考，反而能找到一些基础。即便每一根神经或每一处大脑活动在生物学和生理学上被认为是类似“有意识”的活动，这些也并不都和意识相连。它们的生物学意义是调节和定时反应，由传入刺激和传出刺激组成，部分是在系统内部，部分是作用于不断变化的环境。系统内部的那部分是指脊椎神经中枢和它控制的神经系统内的反射行为。有许多反射过程虽然通过大脑，但不属于意识的范畴，或者说它们与意识没有任何关系（对此我们将会做具体研究）。对于那些针对环境变化而产生的反应却没有那么明显的区别，因为它总是介于完全有意识和完全无意识之间。人体内的相似生理过程中就有一些不同的特征可以用于区别，我们经过观察和推理就可以寻找到。

在我看来，从一些众所周知的事实中可以寻找到答案。当同一系列事件经常以同样的方式重复时，我们的感觉、知觉也可能参与其中，但会逐渐脱离意识的领域。然而，如果在这样的重复中，无论是在这种重复的情况下，或是在追求过程中遇到场合和环境条件的变化，意识都会介入其中。这类事

1　古斯塔夫·西奥多·费希纳：德国物理学家、实验心理学家，心理物理学、实验美学的创始人。

件的发生过程中，那些变化或“差异”最先闯入意识的领域，新事件发生，便需要“新的思考”。

对于精神生活的结构来说，意识的逐渐隐退意义重大，因为它是完全建立在重复练习并习得的基础上的，理查德·塞蒙将这个过程概括为“记忆”。关于这个过程，我们将在后面做更多的解读。在生物学上，有机体对情景的适当反应的学习是最有价值的，相反，单独且没有重复的实验是没有价值的。只有当一个情景周期性地一再出现，且有机体身处该环境反复产生相同的反应才行。我们还可以从自身的经验中了解到如下的情况：在最初的几次重复中，脑海中会出现一个新的元素，这是阿芬那留斯[1]所说的“已经遇到”或“非全部”。经过一次次的反复，整个事件变得越来越稳定、越来越乏味，成为了一种固定程式。当反应变得无须有意识参与时，意识就逐渐消退。这就像男孩背诵诗歌，女孩演奏钢琴奏鸣曲一样。当我们每天在同样的地方穿过街道，沿着习惯的路线去上班时，我们的思维一定不会放在行走的路上，而是在想着其他的事情。但是，每当情况出现变化时，比如我们原本穿过马路的地方没有了路，以至于必须绕行，这个时候我们应对这种变化而产生的反应就闯入了意识。如果这种变化一再重复，那么它将会再次从意识中消退。我们可以在岔路口无须思考就能选择正确的路线去往大学报告厅或物理实验室，但这一切的前提是我们之前经常去那个地方。

这类的区分、反应的变化和分岔在生活中比比皆是，但意识只保留那些最近发生的、处于学习或练习阶段的变化。打个比方，意识就像是一名指导生物进行学习的老师，它教导学生独立完成那些能力范围内的作业。不过这只是一个比方，我想要强调的是那些久经练习的情况不在意识的领域之内，

1　阿芬那留斯：19 世纪德国哲学家，经验批判主义创始人之一。

只有新情况及其引发的新反应才保留在意识中。

日常生活中需要专心和细心学习的地方有很多，比如小孩第一次学习走路，他会因为第一次成功而高兴得大喊大叫，在这个过程中他的注意力是高度集中的。成年人系鞋带、开灯、晚上脱衣睡觉、用刀叉吃东西……所有这些动作虽然现在已经是无意识的行为，但在刚开始的时候都是经过一番认真学习的。不过，这偶尔也会引发一些滑稽的失误。下面是一个著名的数学家的故事。有一次在他的家庭晚宴上，当所有的客人都到齐之后，却找不到他。最后他的妻子却在卧室里发现他躺在床上。原来他为了换一条领带来到卧室，但正在陷入沉思的他摘掉旧领带的这个动作引发了往日的习惯，于是就躺下休息了。

在我看来，所有这些都来自个体发育的过程，揭示了无意识神经过程的系统发育，比如心跳、肠道蠕动等。面对这种几乎没有任何变化，或者仅有有规律的变化的情况，意识的领域早就不再关注它们。我们也发现了中间情况的存在，例如呼吸通常在不经意间进行，但由于环境的差异，比如在烟雾弥漫的空气中或哮喘发作时，它就会变成有意识的行为。另一个例子是因悲伤、喜悦或身体疼痛而流泪，这种事件虽然有意识，但几乎不受意识的影响。生物体会遗传一些看起来有些滑稽的记忆，比如因恐惧而毛发竖起，因极度兴奋而停止分泌唾液。这些反应在生物进化中曾有一定的作用，但如今在人类身上已经失去了意义。

我打算把上述概念扩展到神经过程以外的领域，虽然我认为这一点很重要，但有些人可能会不同意我下一步的论证，因此我在这里先做一些简单的提示。我认为这种扩展有助于解决我们一开始提出的一些问题，比如什么物质事件和意识有关，什么物质事件与意识伴随出现，什么物质事件不与意识一同出现？以下是我的答案：我们在前面讲到的神经活动，总的来说都具有器官活动的特性，只要它们是新的，就和意识有关。

在理查德·塞蒙的观点和他使用的术语中，我们的大脑甚至整个身体的发育都是在不断重复同样1000多次的系列事件。根据我们的经验，生命的最初阶段是无意识的，发生在母亲的子宫里。在随后几个星期、几个月的时间里，我们大部分都是在睡眠中度过。在这段时间里婴儿遇到的变化很小，旧的习惯在他身上不断持续。接着，器官与环境互动逐渐深入，使其功能适应环境的变化，意识就会随着这些变化而出现。像我们这样的高级脊椎动物，在神经系统中就拥有这样一个器官——大脑。这个器官与意识之间会发生联系，产生我们所谓的经验，使我们适应不断变化的环境。因此，神经系统是物种经历发育变化的地方。若把我们比作植物，它位于茎的顶端。总结一下我的假设：生物体的学习虽然与意识紧密相关，但是它对这一切是如何发生的却处于一种无意识的状态。

伦理观

尽管伦理观对于一些人来说有些疑惑，但对我而言非常重要。即便没有最后的理论延伸部分，我描述的意识理论对于科学地解释道德观也很重要。

在所有的时代和民族中，每一种伦理规范都有着一种自我否定的倾向。伦理的教导在某种程度上总是与我们的原始意志相违背，以一种“你应该如何”的方式出现。“我想要”和“你应该”之间这种奇特的对比是从何而来的呢？压抑原始的欲望，否认真实的自我，一定就是荒谬的吗？事实上，在我们这个时代，也许比其他时代更经常听到对此的嘲笑。我们总是会听到这样的论调：“我就是我自己，给我个性的空间！”“不要压抑我的欲望！”“所有反对我，让我‘应该做什么’的人都是胡说八道，是欺诈！”想要驳斥他们朴素而残酷的声讨并不容易。康德的道德律在他们的眼里代表着非理性。

但幸运的是，这些声讨者的科学基础非常薄弱。对有机体形成的了解使我们很容易理解，有意识的生命必然会与原始的欲望持续斗争。与祖先留下来的物质遗产相比，我们作为自然属性的个人的原始意志和欲望要强烈得多。作为一个物种我们在不断地发展，站在人类进化的前沿，如今生活的每一天都体现了我们进化的点滴，并且这种进化仍在持续进行中。诚然，一个人一生中的每一天，甚至任何一个人的一生，都不过是对那座永远无法完成的雕像进行细小的斧凿。但是，我们过去经历的巨大进化，也是由无数次如此细微的凿击所带来的。可遗传的自发变异是这种转变的介质和进化出现的前提。其中，突变载体的行为和生活习惯在进化过程中具有重要的影响和决定性的作用。否则，即使在很长的时间范围内，我们也无法理解物种的起源和选择的趋势。况且，我们清楚地知道这个时间范围是有限的。

因此在生命的每一步、每一天中，我们所拥有的某种形态都会发生改变，它们或被删除、或被征服、或被某种新的形态取代。我们原始意志的抵抗力是一种精神呼应，代表了现存形态对变化的抵抗力。对于自己来说，我们既是斧子，也是雕像；既是征服者，也是被征服者。整个过程是一个持续的“自我征服”。

考虑到这种进化过程不仅与个人生命相比，甚至与历史时期相比都过于缓慢，因此认为它与意识有明显直接的关系难道不荒谬吗？这个过程难道不只是在悄然运行而已吗？

不，根据前面的论述，我们可以得出否定的结论。这些考虑把意识与生理进程最终联系在一起，在与环境的不断相互作用下，改变从未间断。此外，我们得出结论，被意识到的只是那些仍旧处于训练阶段的变化，这些变化在将来会转变成固定且无意识的。简而言之：意识是进化领域的一种现象。这个现象只有在发展的地方才能显示出来，或者只有通过发展，并产生新的形式来照亮自己。意识中消失的部分总是那些停滞的地方，当它们与进化部分相互作用时才会出现。

如果承认上述观点是正确的，那么就能理解内心的欲望与意识的抗争从来没有停止过，甚至它们之间互成反比。这听起来有点自相矛盾，但所有时代和民族中最聪明的人都相继证实了这一点。对人类来说，这个世界被一种异常明亮的意识之光照亮，他们用生活和语言塑造和改变着我们称之为人性的艺术作品，并用演说和文字甚至通过自己的生命来证明它，人类比其他物种更容易感受到内心的不和谐，并且因此而痛苦。希望这样的表述能对承受这种痛苦的人产生一种安慰。若是没有这种不和谐，人类就无法进化。

请不要误解。我是个科学家，不是道德的说教者。所以，不要误解我是为了寻找宣传道德准则，才提出物种要向更高的目标发展。既然这个道德准则是公正的、无私的，那么它必然已经包含了美德，并且时刻准备着被接受。我和其他人一样，无法解释康德实践理性中的“应该”，但事实是，道德正以它最简单的形式出现。它就在那里，甚至那些不遵循它的人也能察觉到。我认为这种令人费解的现状是因为，我们已经开始从利己主义向利他主义转变，表明人类开始成为社会动物。对于单个动物来说，利己主义是一种优势，它可以提高该个体的存活率；但是在集体中，利己主义对物种的生存发展有着毁灭的倾向。如果一个物种处于刚起步发展的阶段，利己主义将会是它们生存的最大威胁。像蜜蜂、蚂蚁和白蚁等这类系统发育已久的物种，利己主义几乎找不到踪影。而在利己主义的下一阶段，民族主义已经开始大行其道。举一个极端的例子，蜜蜂会把一只迷路走错蜂房的工蜂杀掉。

在人类身上，似乎有一些不寻常的情况出现了。虽然第一次变化还没有完成，但在第一次变化的方向上前进的第二次变化轨迹已经显露了出来。尽管我们在很大程度上来说还是利己主义者，但是我们中有不少人主张抛弃民族主义，认为这是极其错误的。在此可能会出现一些非常奇怪的现象。因为第一步的目标远未实现，利己的动机仍然具有强烈的吸引力。不过，对于第二步平息不同民族间的矛盾可能反而更容易。我们每一个人都受到可怕的新式侵略武器的威胁，因此渴望各国之间的和平。如果我们是蜜蜂、蚂蚁或古斯巴达的战士，对他们来说个人恐惧是不存在的，懦弱才是世界上最可耻的事情，那么战争将永远持续下去。但幸运的是我们只是怯懦的人。

对我来说，这一章的思考和结论可以追溯到三十多年前。对于我个人而言，它们从未在我的视野中消失，但是我很担心它们会慢慢地从公众的视野中淡化，因为它们基于“获得性状的遗传”，换句话说就是拉马克主义[1]。然而，即使抛弃“获得性状的遗传”，换句话说接受达尔文的进化理论时，我们也发现，一个物种的个体行为对进化趋势有着非常重要的影响，从而成为一种伪拉马克主义。在下一章中，我将会引用朱利安·赫胥黎[2]的观点来解释这一论点。但是这些解释主要针对另外一个不同的问题，并非全然为上述的说法提供理论上的支持。

---

1 拉马克主义：法国博物学家拉马克创立的生物进化学说之一，该学说认为生物在新环境的直接影响下发生习性改变，某些经常使用的器官发达增大，不经常使用的器官则逐渐退化，并认为这样获得的后天性状可传给后代，使生物逐渐演变，且认为适应是生物进化的主要过程。

2 朱利安·赫胥黎：英国生物学家、作家、人道主义者。作为生物学家，他提倡自然选择，亦是现代综合理论中在 20 世纪中叶的一位重要人物。

第二章
理解未来

生物学上的死胡同

我相信，我们对世界的理解不可能已经达到了最终阶段或者说最完美的境地。我下这个论断的原因并不是各个学科现在依旧处在发展阶段，而是我们未来在哲学和宗教上的所得可能会改变目前的世界观。

这个世界观改变而获得的成就，要比自普罗泰戈拉、德谟克利特和安提西尼[1]以来取得的成就大得多。我之所以这么说，是因为我们的大脑没有理由是反映这个世界的最终器官。很有可能有另外一个物种，它有着类似我们大脑的器官，它从那个器官反映出的世界跟我们的大脑反映出的世界相比较，就如同我们大脑中反映出的世界和狗的大脑反映出的世界相比较一样，就如同狗的大脑反映出的世界和蜗牛的大脑反映出的世界相比较一样。

虽然这不是我们要讨论的问题，但若果真如此，那么一定会很有趣。毕

1 这三位均为古希腊先哲。

竟作为人类，我们想知道自己的后代，或者我们中一些人的后代是否会遇到这类事件。要知道，地球为这类事件的发生提供了充分的可能性。地球正值壮年，在过去的10亿年中，我们从最原始的生命形式进化成了如今这个模样；在未来的10亿年，地球依旧可以为人类提供生存空间。但那时人类会处于一种怎样的状态呢？如果我们接受进化论，那么很有可能我们的进化发展已经接近停滞。人类身体上那些可以固定遗传的特性（用生物学家的专业术语来说就是“基因型变化”）是否会持续进化是一个存疑的问题。

这个问题很难回答，因为我们可能已经到达或接近到了一个死胡同。这并不是什么孤例，也并不意味着我们就会很快灭绝。根据地质考古的发现，我们了解到一些物种在很早之前就已经进化到了死胡同里，但它们并没有灭绝，而是几百万年以来一直就保持着非常相似的形态。例如，乌龟和鳄鱼就是这一类非常古老的物种，可以算是活化石。我们还发现在昆虫中也有类似的物种，并且昆虫的种类要比其他动物的多得多，但很多昆虫几百万年来在形体上几乎没有变化。相应地，很多其他的动物，在这段时间内却可以进化到无法辨认出其最初模样的程度。昆虫无法进一步进化的原因可能是它拥有外骨骼，而不像很多动物的骨骼是在身体的内部。外骨骼给昆虫提供了保护，但也提供了力学的稳定性，使得它们无法像哺乳动物那样经历骨骼的生长。这势必会导致个体生命难以因适应环境而快速产生变化。

对于人类而言，有几个论点似乎不利于其进一步进化。根据达尔文的理论，这种自发的可遗传变化现在被称为突变，“有利的”变异被自动选择，这些变异通常只是细微的进化，提供一点点的益处。这就是为什么在达尔文的推论中物种进化需要付出巨大代价。巨大数量的后代中，只有拥有那一点点改良的个体能够存活下来。但是我们的文明机制使得这一规则很难适用，在某些情况下甚至朝着反方向运作。我们不愿看到自己的同类遭受痛苦及死亡，于是我们引入了法律和社会制度。这些制度提倡保护生命，谴责蓄意抛弃婴儿的行为，努力帮助每一个生病或虚弱的人生存。它代替自然选择，把后代的数量限制在生计允许的范围内。这种机制可以通过有意识的计划生育以及阻碍相当比率的女性进行生育而达到。在偶尔的情况下，战争、灾难、政治错误等都有助于达到这种平衡，对于我们这代人来说，大家都有深刻的体会。数以百万计的成年男女和儿童因饥饿、毒气、传染病而死亡。在遥远的过去，小部落或小宗族之间的战争被认为具有积极的选择价值，但毫无疑问，这在现在已经毫无价值。现代的战争是不作选择的杀戮，正如医药和手术的发展不加区别地挽救生命一样。战争和医学在道义上完全对立，但无论是战争还是医学，对于生命的进化来说都不具备选择性。

达尔文主义的悲观情绪

这些思考表明，作为一个发展中的物种，我们已经陷入停滞，在生物学上进一步进化的前景非常渺茫。虽然如此，我们也不必为此烦恼。我们也许可以像鳄鱼和许多昆虫一样，在没有任何生物变化的情况下存活数百万年。但是从哲学的角度来看，这一事实是令人非常沮丧的，因此我想找出一个反例来推翻它。为了做到这一点，我必须仔细研究进化论。我最终在朱利安·赫胥黎教授著名的《进化论》一书中找到了支持的理由。虽然这一论点在近年来并不被进化论者普遍认同。

达尔文理论的论述很容易产生一种悲观且令人沮丧的观点，即有机体在进化过程中是被动的，突变在基因中自发发生。我们有理由相信，这主要是由物理学家所谓的热力学涨落规律，或者换句话说，即纯粹的概率所决定的。

生命个体对于从父母那里获得的遗传物质与留给后代的一样，不产生任何影响。“自然选择和适者生存”仅在变异的个体中发挥作用，这明确地表明变异是一种概率现象。有利的变异在增加生物体生存、繁殖后代希望的同时，可以继续遗传给后代。那些非基因层面的变化则与生物学没有多大关系，这样的获得性状不会遗传给后代。比如，生物后天通过学习获得的技能和训练，会随着个体的死亡而消失，不会被传递下来。这种情况对于有智慧的生命来说是很沮丧的，他们会感到大自然的无情，会觉得个人的生命并没有永恒的价值，因此陷入虚无的境地。

正如你所知，达尔文的理论算不上真正的第一部系统的进化论。在这之前有拉马克的理论，他的理论有以下假设：一个人在其一生中通过特定的环境或行为获得的任何新特征可以传递给后代，而且事实上也经常传递给后代。即使这种传递不是全部的，但是至少可以看到某些痕迹。因此，如果一只生活在岩石或沙土上的动物，在脚底长出了保护性的老茧，这种老茧就会逐渐遗传下去，后代不需要在艰难的环境中通过无数次的磨炼而获得。同样地，为了特定目的而不断使用某个器官，从而引起的器质性变化也会保留下来，且至少会部分地遗传给后代。这一观点让我们对生物体的身体结构和对环境的特殊适应能力有了另一种了解，更给予我们精神上的鼓舞。与达尔文的悲观主义情绪相比，它显然更具吸引力。在拉马克的理论中，生命的进化链条是持续的，生命个体可以做出生物学上的努力来改变自身、适应环境。虽然这种生物学上的改变极其微小，但它却是物种进化日趋完善的一个部分。

然而不幸的是，拉马克的理论假设是错误的，我们已经确切知道，获得的性状不能遗传。进化的每一步都取决于那些自发的偶然突变，它们与个体一生中的行为无关。于是，我们又回到了达尔文的理论那里。

行为影响选择

我现在想告诉你们，事实并非如此。在不改变达尔文学说基本假设的前提下，我们可以直接看出个体行为运用其潜质在进化中的作用，甚至可以说是扮演着至关重要的角色。拉马克的观点中至少有一点非常正确，他认为不可撤销的因果关系存在于两个方面：一方面是某一特征，比如性质、器官、能力或身体特征的有效使用与功能的发挥；另一方面是这个特征在世代交替中为了被有效利用而不断获得改良。这种被利用和被改良之间的联系是拉马克理论中非常重要的认识。这一观点也存在于目前的达尔文理论中，但是你如果肤浅地看待达尔文主义，那么它就会很容易被忽视。事实上，事物的进程与拉马克的描述十分一致，只是其发生机制要复杂得多。这一点不太容易解释或掌握，因此提前总结一下结论非常有必要。为了避免混淆，我们可以设想一个器官，然后就它的任何可能特征以及该特征细小的附属部分来进行讨论。

拉马克认为这个器官：（a）被使用；（b）因此得到了改良；（c）这个改良传给了后代。

这个观点是错误的，我们必须这样考虑：这个器官（a）经历了偶然的变化；（b）积累了有利的变异或至少有利的变异总是被选择；（c）一代一代继续下去，被选择的变异形成了持续的进化。

根据朱利安·赫胥黎的解释，拉马克主义与达尔文主义最为相似的地方在于：引发整个过程的并不是突变，也不是那种可以遗传的性状，而是如果这种突变是有利的，它们会被所谓的“器官选择”所作用。当这些突变朝着“理想”的方向作用时，它们就会为真正进化的到来铺平道路。

我们来对此做一些细节的讨论。新特性的产生常常源于突变或突变外加一点选择，它很容易使得生物体与环境发生作用，从而使生物体朝着对自身更加有利的方向发展。由于拥有新的变化特征，个体便具有改变它的环境的某种能力。它可以根据环境的需要来改变自己的行为，甚至改造环境本身。这些新特征因为跟环境的作用而得到了进一步加强，从而加速了物种在这个方向上的进一步选择性改良。

或许你认为这个论断有些唐突，因为它似乎需要生物拥有高度的智慧以确立特定的目标。但我想说明的一点是，这个论断中的个体不仅仅包括高等动物的有目的性的智慧行为，在其他动物身上也可能出现。请参考以下例子：

一个物种中并非所有的个体都有完全相同的环境。一些野生物种的花碰巧生长在阴凉处，另一些则生长在阳光充足的地方；有些生长在高高的山坡上，另一些则生长在山谷中。我们假设其中一种变异，比如花变得多毛，使得物种在海拔高的地区生长得非常好，而在山谷中几乎“消失”，于是它被高山选中。这一结果好像是多毛的变异在高山这个环境下为它进一步的变异提供了便利，实则是环境对物种进行了筛选。

另一个例子：鸟儿凭借自己的飞行能力在高高的树梢上筑巢，这样它们的幼崽就不会被其他动物吃掉。习惯于在这种高度飞行的鸟儿就具有了选择性优势，这种鸟巢将必然选择幼鸟中那些熟练飞行的个体。因此一定的飞行能力会引起其生存环境的改变，或引发行为向着有利于积聚同样能力的环境改变。

物种分化是生物界最为显著的特征，许多物种对于它们赖以生存的特殊复杂行为具有一定的特异性。这一规则仅仅适用于那些具有特殊技巧的特异性。这种特异性如果大自然制造不出来的话，没有人会想到。人们很难相信达尔文的“偶然积累”可使得物种具备如此高的特异性。这里有一个需要接受的现实：“简单明了的进化规律”在生物的发展过程中，由于受到外在力和倾向性的影响，变得越来越复杂。而且“简单明了的进化规律”代表着事物处于一种不稳定的状态。与“简单明了的进化规律”不断分离可以引发新的力量，从而进一步增强在这个方向上的分离。尽管人们经常用达尔文的理论来思考问题，但是如果生物体的某一种特性是由一系列的偶然事件所致，显然无法用这个理论来解释。我坚信一点，只有那些“在某一方向”上初始的微小起步，才能最终形成这种结构。越来越系统的选择只有在起初获得优势的方向上不断创造出可变化的环境，这样物种就发现了它们生命的前进方向，并且将会沿着这条路一直走下去。

伪拉马克主义

人们通常认为，偶然突变赋予了个体某种优势，并且这种优势使得该个体能更好地在环境中生存。这样的情况我们必须换一种方法来说明，为什么与通常的看法相比，这种偶然突变能起到显著的作用呢？也就是要解释它们为什么可以提高自己被使用的可能性，从而使自己能轻易地接受环境的选择性影响。

为了揭示这一机制，我们可以将环境简略地描述为有利环境和不利环境的总和。有利环境包括充足的食物、水源、住所和阳光等，不利环境包括来自其他物种的威胁、毒药和自然灾害等。为了简洁起见，我们将第一种称为“需求”，第二种称为“危害”。并不是每一种危害都可以避免，也不是每一种需求都可以满足。但是，一个活着的个体必须有一种妥协的行为，即避开最致命的敌人，并用最容易接近的资源满足最迫切的需求，这样它才能生存下来。有利的突变使某些需求更容易获得，或减少某些敌人的危险，或两者兼而有之。因此，它赋予个体更大的生存可能。但除此之外，由于有利突变改变了个体接受需求和危害的相对权重，因此它一定程度上改变了最佳的折中点。于是，那些能够通过智力或机会改变它们行为的个体更受到青睐，因而它们也更容易被选中。虽然这种行为的变化不能通过遗传基因的作用传递给下一代，但是这并不意味着它们不会被传递。上述的多毛突变型花就是一个最直接的例子。多毛突变型的高山优势使得它们能将种子散播到更多的“山坡区域”，这就有利于它们的下一代整体上迁，促进它们的有利突变。

我们必须明确一点，那就是整个环境是动态发展的，其中的斗争也是很激烈的。除了个体的存活以外，一个大量繁殖的物种，它的成活率没有明显的增长是因为威胁其生存的力量非常庞大。此外，需求和危害常常如影随形，紧急的需求往往只有在勇敢地面对敌人时才能得到满足（例如，羚羊必须冒着生命危险到河边喝水，因为狮子对这个区域也了如指掌）。正是由于危害和需求之间这种错综复杂的关系，一个减小危险的特定突变会对那些挑战危险并且能够避免其他危险的突变产生极大的影响。这可能会导致一种未曾频繁出现但是却很值得注意的选择出现，它不仅属于我们讨论的遗传特征，同时也与使用该特征的技能有关。后代可以通过学习拥有这种技能，同时行为的转变反过来又促进了在这个方向上的有利突变。

这与拉马克所描绘的机制非常相似。虽然后天的行为和由此引起的任何身体变化都不会直接传给后代，但行为在这一过程中起着重要的作用。然而，这里面的因果关系与拉马克认为的恰恰相反。拉马克认为行为改变了父母的体格，并通过遗传改变了后代的形体。事实却是父母的身体通过直接或间接的选择改变了它们的行为，行为的变化又通过示范、讲授或者其他更为原始的办法，与基因携带的性状变化一起传给了后代。“通过教授”来传递行为也可以是一种行之有效的进化因素，它为未来在遗传上的突变敞开了大门，并随时准备最好地利用那些突变，使得它们更容易被选中。

习惯和技能的遗传固定

有人可能会对此持反对意见，认为我们在这里所描述的情况只是偶尔发生，不可能无限期地持续下去，从而形成一种适应性进化的基本机制。因为行为改变的本身并不是通过物理遗传，也不是由遗传物质染色体来传递的。的确，遗传上确实不能保证习惯和技能的稳定性，并且很难看出它们是如何融入基因中去的。然而另一方面，我们确实看到一些证据确凿的例子，比如鸟类筑巢和猫狗的清洁习惯可以遗传。如果不能按照正统的达尔文主义路线来理解这一点，达尔文主义将不得不被抛弃。一个人的全部努力和劳动能对物种的发展作出什么样的贡献，在人类身上考证这个问题的真实性有着非常重要的意义。下面是我对此作出的简单描述。

根据我们的假设，身体的变化与行为的变化是平行的，后者是前者偶然变化的一种结果，由于利用了自身最初的优势，并且只有在同一方向前进的突变才具有选择价值。行为随着新器官的发展越来越与其紧密相连。你不可能从来没有劳作但却拥有一双灵巧的手，如果真有的话，那么这双手一定是你的累赘。同样，从来没有经历努力的飞翔就不可能拥有一双擅长翱翔的翅膀；从来都不模仿周围听到的声音就不可能拥有一个精致的发音器官。把拥有一个器官和强烈希望使用这个器官并通过练习提高其技能，与拥有一个器官看作生物体的两个不同特征，这只是一种人工的划分方法。这种划分并不是自然界呈现出来的，它只能通过抽象的语言来划分。行为并不会主动进入染色体并在那里拥有一席之地。但是，新器官自身携带的习惯和使用方式，如果没有在生物体的使用过程中起到实质性的协助作用，那么选择机制在“制作”新器官的过程中就会无能为力。因此，就像拉马克说过的那样，这两个平行发展的事物会在遗传上固定下来，并最终合二为一形成一个使用过的器官。

将这种自然过程与人类制造工具相比较，是很有启发性的。如果不仔细研究的话，它们之间似乎有非常明显的区别。假如我们制造一个精密的机械装置时非常急躁，在完成之前就反复地使用它，那么这个工具很有可能就会坏掉。而大自然却并非如此，虽然它无法制作出生物体新的器官，但却以连续的方式不断检验生物体新器官的效率，使得它们在自身的检验中不断完善。这样的类比思路是有差异的，事实上，人类制造工具相当于个体发展，即个体成功从种子发育到成熟，这个过程中过多的干涉是被限制的。在获得该物种拥有的全部技能和力量前，幼小的个体必须被保护。我们可用自行车、火车、汽车、飞机或打字机的发展历史和生物进化作类比，看看这种工具是怎样一年又一年、一个时代又一个时代地经历着变化。不过最为关键的地方在于，就像在自然进程中一样，所说的机器应该是被连续使用的，从而在此过程中不断得到改进。事实上，这一过程依赖的是实际获得的经验和改进的需求，进而不断完善，而不是仅仅依靠使用来完成。顺便讲一下，这里作类比的自行车就像一个老的有机体，已经达到了它可以达到的最完美阶段，因此以后将不会有新的变化。不过，它将继续保留而不会消失。

智力进化的危险

现在让我们回到本章的开头，回到那个问题：人类到底有没有进一步进化的可能？我认为上面的讨论已经提供了两个论点。

首先是关于生物行为的重要性。虽然行为本身不能遗传，但可以不同程度地加速生物体进化的过程。只要生物体在这种过程中能够顺应与生俱来的器官功能和外部环境，并随着二者中任一因素的改变而做相应的调节。在植物和低等动物中，适当的行为是由缓慢的选择过程（换句话说，通过反复试验）而产生的。高智商的人类可以按照自己的选择来行事，这种极大的优势可以有效地克服过程缓慢、生育较少等不利因素带来的障碍。因此从生物学的角度来看，让后代的数量过多是一种很危险的情况。

第二点，进一步的进化对于人类来说还有可能吗？这一点是与前面一点紧密相关的，很大程度上取决于我们自身和我们所做的事。我们绝不能坐等事情发生，认为这是由不可逆的命运决定的。如果我们不需要它，就不要采取行动。反之，如果我们需要它，就必须采取行动。正如政治、社会的发展和历史事件的次序，一般不是由命运强加给我们的，而是很大程度上取决于我们自己的行为。因此，作为一种在大时空范围内的历史过程，生物的未来不是不可更改的，也不是按照自然法则预先决定的。自然法则不像我们观看鸟类或者蚂蚁那般注视着我们人类。它虽然一副看起来牢牢盯着每一个物种的模样，但其实它并没有在乎任何一个物种。无论在狭义上还是在广义上，人们倾向于把历史看作一种命中注定的事情，受规则和法律的控制，而这些规则和法律是自身无法改变的。原因很明显，因为每个个体都会感觉到在某件事上他起的作用非常小，既不能使别人接受自己的观点，也不能调整他们的行为。

为了保证我们的生物学未来，我们必须做出一些具体的行动，我认为其中最重要的一点是，我们正在错过“通往完美之路”。从上文可以看出，在生物的发展过程中，选择是一个确定的必要条件。如果将其抛弃的话，发展不仅会停滞，而且还有可能会倒退。用赫胥黎的话来说就是：“……有害突变会直接导致器官的退化，当退化的器官没有价值的时候，选择也就失去了作用效力，不能继续保持进化的痕迹。”

在我们这个时代，大多数制造过程的机械化和“愚蠢化”都给智力器官带来了普遍退化的严重危险。当聪明工人和迟钝工人的生存机会伴随着手工业的衰退和生产线单调而枯燥的工作而变得日趋相等的时候，聪明的头脑、灵巧的双手和敏锐的眼睛就变得多余。不聪明的人将会受到青睐，他会发现服从于枯燥的工作更容易，发现生存、安家、养育后代更容易。这样的结果往往是对天赋进行负向选择。

由于现代工业社会生活的艰辛，一些措施便应运而生，例如保护工人免遭剥削和失业，以及许多其他福利和保障措施。这些措施被认为是有益的、不可或缺的。但我们不能无视这样一个事实：这些措施减轻了个人发展自己、照顾自己的责任，从而使每个人在机会上趋向均等，也消除人们在能力上的竞争，这对生物进化来说无疑是一个很大的障碍。我知道这个观点会引起很大的争议，人们会拿出很多有力的证据说明，福利的益处一定大于对生物进化的未来的担忧。但是，就我个人来看，益处和危害是一起出现的。除了欲望之外，枯燥也成为我们生活中痛苦的又一根源。与其让我们发明的精巧机械生产出越来越多的多余奢侈品，不如去改进它，以便让它替人类做那些不智慧、机械的、使人像机器般的工作。机器应该用来取代那些人类已经非常熟练的劳作，这样做虽然不会降低多少生产成本，但可以使参与的人更加快乐。但是，只要大公司和企业间的竞争一直存在，我的想法就几乎没有实现的可能。这种竞争是没有意义的，因为它在生物进化上毫无价值，我们应该强调个人间有趣且有智慧的竞争。

第三章
客观性原则

九年前我提出了构成科学方法基础的两个基本原则：自然的可理解性原则和客观性原则。从那时起，我就时不时地提及这两个原则。上一次提及是在我出版的《自然与希腊人》一书中。在这里，我想详细讨论的是第二个原则——客观性原则。在我说明它的意思之前，请允许我澄清可能产生的误解，因为从之前那本书的评论中我发现了这一问题，虽然当时我已经有意识地进行了防范。误解的原因是一些人认为我企图给科学方法的基础制定一些基本的原则或是建立一种必须不惜一切代价去坚持的科学基础。但事实并非如此，我只是一再声明这两个原则是古希腊思想的传承，而西方的科学和科学思想均源于此。

这种误解并不令人惊讶。如果你听到一个科学家宣布科学的基本原理，并且强调其中两个是特别基本且具有古老的地位，那么你很自然地会认为他至少强烈地赞成这些原则，并希望将它们强加给读者。但另一方面，科学从不强加任何东西，科学的目的无非是对其研究对象做出真实而充分的陈述。只有真理和真诚才是科学家强加于他人的，除了他自己以外，他也在迫使其他的科学家认可和遵从。在当前的例子中，我们研究的对象是科学本身，是已经经历了发展和变化成为当今状态的科学，而不是所谓的在未来应该成为或发展成为的科学状态。

现在我们来看看这两个原则吧。对于第一条“自然的可理解性”原则，我只想简单谈一下。这个原则的诞生绝对有必要性，并且需要被人类所察觉。它起源于希腊的米利都学派和自然哲学派。从那以后，虽然它也经历了一些变化，但是基本上保持了原样。不过如今的物理学思想对于这个原则产生了一定的冲击。物理学中认为自然界中缺少严格因果关系的不确定原则就是一个例子。讨论这个原则会很有意思，但在这里我更想专心讨论另一个原则，也就是“客观性原则”。

我所说的客观性原则常被称为对周围“真实世界的假说”。这是一种简化的概括，可以帮助我们掌握自然世界中无限复杂的问题。这种简化让我们不用去严格表述该原则，将认知主体排除在自然界之外，让我们扮演世界的旁观者。这个旁观者不属于这个世界，于是通过这样的转变，世界就成了一个客观世界。但是这个方法会造成以下几点问题。首先，我们自己的身体（与我们的精神活动有非常直接且密切的联系）组成了我们通过知觉、感觉、记忆等构建起来的客观世界的一部分。其次，其他人的身体也是这个客观世界中的组成部分。我有充足的理由相信，其他人的身体也与意识领域相连，甚至直接就是意识领域中的一部分。虽然我无法进入他人的意识领域，但我对它们的存在毫不怀疑。因此，我会把它们也当作客观事物，是我周围真实世界的一部分。既然他人与我没有什么本质区别，于是我自己也是构成物质世界的一部分。于是可以说，我把感觉的自己（把世界构想成为精神产物的自己）放回了这个世界中。至此，这一步步的错误推论就产生了逻辑上的混乱。我们会一一举出其中的错误，不过现在我们先来谈两个最明显的悖论。这两个悖论是因为我们要想获得令人满意的世界概念，就要把自己置于这个画面之外，这样才能成为一个旁观者。

第一个悖论是我们发现世界是“无色、冰冷、无声”的。颜色、冷热、声音都是我们的直接感觉。如果我们摒弃了个人意识，那么这些元素在世界上就不复存在。

第二个悖论是我们极力寻求意识与物质的相互作用是一种无用功。谢灵顿爵士[1]在其著作《人与自然》一书中阐述了他对这一问题的看法。我们排除了自我意识而构建了物质世界，因此意识不属于物质世界，因此就无法作用或被作用于物质世界的任何部分（斯宾诺莎对此有过言简意赅的描述，见本章后面的段落）。

我希望用荣格文章中的一段话来对此进行更详细的描述。这段话让我很满意，因为它在完全不同的语境中强调了与我相同的论点。当我们将认知主体排除于客观世界之外，付出高额的代价而获得一幅令人满意的世界画面时，荣格作了进一步的阐释，指责我们是在无法逃离的困局之中支付赎金，他说：

> 一切科学都是心灵的活动，所有的知识都植根于此。一切宇宙中的奇迹，心灵是其中最伟大的，作为客观事物的世界就是建立在它之上，因此它在此过程中是必不可少的条件。令人疑惑的是西方世界好像对心灵的作用视而不见。认知主体面对来自外界的认知对象时，悄悄地退回幕后，于是在客观世界的画面中便不再有它的存在。

当然，荣格非常正确。由于长期致力于心理学研究，他对这个话题比一般的物理学家或生理学家更具敏感性。然而我仍认为，从一个坚守了两千年

1 谢灵顿爵士：查尔斯·斯科特·谢灵顿，英国科学家，在生理学和神经系统科学方面有很多贡献。他和埃德加·阿德里安一起由于“关于神经功能方面的发现”而获得1932年诺贝尔生理学或医学奖。

的阵地迅速撤退是非常危险的，虽然我们可以在一个非常重要的领域换来一些自由，但是会因此失去太多的东西。对于心理学来说，它迫切需要生存空间，因而无法避免对这个问题进行讨论。但这是一个非常艰巨的任务，我们无法在此盖棺论定，因此只能满足于把问题提出。

荣格对于我们描绘客观世界时摒弃意识、忽视心灵的做法持否定的态度。但是，我想用几个相反的例子，作为他的观点的进一步补充。这些观点出自更古老、更谦逊的物理学家和生理学家。它们都在陈述一个事实，“科学世界”是如此客观，因此其中没有给意识和其直接感觉留下任何空间。

大家可能都还记得爱丁顿[1]关于两张书桌的论述：一张是一件熟悉的旧家具，他坐在它旁边，胳膊放在上面；另一张是科学视野中的旧家具，它不包含丝毫感觉的成分，但却充满空间。在这样的场景中，其中最大的组成部分是空旷的空间，在这些虚空中只有数不清的微粒。这些电子和原子核高速运动，但是由于它们自身尺寸微小，彼此之间相隔的距离是自身尺寸的数十万倍。爱丁顿将这两者进行了一番对比，然后写道：

> 在物理世界中，映入我们眼帘的是我们熟悉的生活投影。我肘部的影子放在桌子上，黑色的墨水在纸张的阴影上流淌……相信物理学与阴影世界有关，这是近期获得的最重要的进展之一。

我们必须注意一点，最近的研究进展并不是物理世界获得了阴影的特性，其实早在阿布德拉的德谟克利特时代或更早的时候，这个观点就一直存在了，只不过那时候他们认为研究的是世界本身，一直没有太关注这点而已。到了

---

1 爱丁顿：亚瑟·斯坦利·爱丁顿爵士，英国天体物理学家、数学家，第一个用英语宣讲相对论的科学家。

19 世纪后期，人们才开始使用图画或模型一类说明科学概念的表现手法。

那以后不久，谢灵顿爵士出版了他重要的著作《人与自然》。这部书对物质和精神相互作用的客观证据进行了不懈而诚实的探究。我之所以用“诚实”一词，是因为一个人需要付出非常严肃且真诚的努力，才会去探求他深信不能找到的东西。他在《人与自然》中总结了探寻的结果：

> 任何知觉可包围的意识，在我们的空间世界中比幽灵更像幽灵。它看不见、摸不着，甚至是没有轮廓的东西，不是一种“实体”。它得不到感官的确认，而且永远无法被确认。

如果用自己的话，我会如此表述：意识用自身的材料建造了客观外部世界。只有意识从概念的制造中撤出，把自己排除在外，它才能完成这个宏大的任务。因此客观世界并不包含其创造者。

我无法通过引述来传达谢灵顿这本不朽之书的宏伟，人们必须亲自阅读才能体会。不过，我还是想提一些具有特色的叙述：

> 物理学……使我们面临一个僵局——意识自己无法弹奏钢琴，意识自己无法移动手指。
>
> 于是我们碰到了僵局。对意识如何作用于物质一无所知。逻辑因果关系的缺乏使我们动摇。这是不是误解？

与 20 世纪实验生理学家得出的结论相对应，17 世纪最伟大的哲学家斯宾诺莎（伦理学，第三部分，第二点）观点如下：

身体无法限定意识思考，意识也无法限定身体去运动、休息或采取其他行动（如果有的话）。

如此看来，这确实是一个僵局。这样的话，我是不是就不是自身行为的执行者了？但我们依旧觉得应该为自己的行为负责，并因此受到惩罚或奖励。我认为现今的科学无法解决这个悖论，现今的科学陷入“排除原则”的陷阱中，但又对此产生的悖论置之不顾。虽然能意识到这个问题实属不易，但是问题依然摆在那里没有得到解决。你不能通过议会法案将“排除原则”删去。如果想要解决这个悖论，就必须更新科学的面貌，重建科学的大局，然而这需要采取十分谨慎的态度。

于是我们不得不面对以下的这种情况。作为意识器官的感官产生了建造我们世界的材料，于是每一个人的世界仅仅是他自己意识的产物，我们无法证明它存在于其他地方。但是意识本身在其构建的世界中是陌生的，在这个世界里没有它的生存空间，你也无法在任何地方找到它。然而，由于我们已经习惯性地认为人或动物的个性存在于身体的内部，因此我们总是忽视刚才提到的事实。当我们意识到无法在体内找到它，就会很诧异，甚至产生怀疑和犹豫，非常不情愿地接受这个事实。我们固执地认为，一个人的意识存在于大脑中，也就是在两眼中间一两英寸（1 英寸约为 0.0254 米）后的地方。根据外在的不同情况，那里赋予我们理解、喜爱、温柔、怀疑或愤怒的情绪。我觉得眼睛是唯一一个我们没有认识到具有完全接收特性的器官，相反，我们更愿意认为光线不是来自外界，而是来自眼睛内部。你会在漫画中发现用虚线勾勒的一条“视线”，它从眼睛射出，指向要看的物体，另一端的箭头表示方向。你甚至会在物理学中为了解释光学仪器或法则而作的草图中发现这样的图像。亲爱的读者，尤其是女性读者，当你送给孩子一件新的玩具时，他会向你传来闪亮愉快的目光。但物理学家却告诉你不是这样，眼睛里没有任何光芒，眼睛可被客观探测到的功能是不断被光照射并接收光量子。这是多么奇异！

我们很难评价这个观点：性格和意识仅仅局限于身体的内部，只具有象征意义，或作为一种辅助手段以方便实际用途。让我们用已掌握的全部有关知识来考察一下身体内部的具体情况吧。在身体内部，我们会看到有趣而繁忙的景象。如果你愿意的话，可以把身体当作一台机器，无数分工专业化的细胞在那里排列着。这种排列异常复杂，但却进行着有序的沟通和合作。我们发现成千上万细胞在规则电脉冲的搏动下，迅速改变着形态，在神经细胞间传导，由此引发了化学变化和许多尚未发现的变化。

这就是我们见到的一切。随着生理学的发展这些现象会得到更多的了解。现在我们假设在一定的条件下，你观察到了从大脑传出的脉冲电流，通过长长的细胞突起（运动神经纤维）传导到了手臂的肌肉。在分离告别的场景下，某人的手臂开始挥动向你道别，这时你的双眼明显地感到某种腺体因被脉冲电流控制而产生了液体。但是，即便生理学的发展达到了很高的水平，从眼睛通过中枢神经传至手臂肌肉和泪腺的路上，也无法察觉到你的性格特点，也不会看到你心中的伤痛和担忧。虽然你能体验到它们，它们的存在对你来说是如此肯定，但是你就是看不到它们。

我们通过生理学分析可以去了解别人，了解最亲密的朋友，这使我想起了爱伦坡写的小说《红色死亡假面舞会》，相信很多读者也能回想起这个故事。为了躲避当地的红色死亡瘟疫，小王子和他的随从撤退到了一个与世隔绝的城堡中。到那儿后大约一个星期，他们举行了一个盛大的假面舞会，人们都穿着奇装异服，并且戴着面具。其中有一个人十分引人注目，他个子很高，脸上蒙着面纱，人们无法看到他的面孔。他一袭红衣，很明显暗示着红色瘟疫，他令在场的所有人毛骨悚然。一方面是因为他的装扮，另一方面大家怀疑他是不请自来的入侵者。最后，一个年轻勇敢的青年走近他，迅速揭开他的红色服装和面具，却发现里面空无一物。

我们的脑袋里并非空无一物，在那里有许多令人感兴趣的东西，但是与我们的丰富生命和情感相比，它根本算不了什么。

认识到这些起初让我觉得心烦意乱，但仔细一想这其实是一种安慰。如果你必须面对一个已故友人的尸体时，你意识到其实你所熟知的那个人并不在这个身体中，身体只是象征性地充当了一种参照而已，这难道不令人感到安慰吗？

作为对上面考虑的补充，那些对物理学感兴趣的读者可能会希望我就主观与客观的认识问题发表意见。我们还可以援引当前流行的量子物理的主要代表尼尔斯·玻尔、维尔纳·海森堡、马克斯·玻恩等人关于主观认识问题的观点。我首先对他们的观点作一个非常简要的描述：

> 如果不“接触”，我们就无法对一个特定的自然界物体作出客观的描述，这种接触是一种真正物理意义上的相互作用。即使我们只是看着这个物体，它也是受到光的照射然后映射到我们的眼中。如果我们将它完全孤立，就无法获得对它的任何了解。这个理论接着说明，由于这种扰动既不是完全不相关的，也不是可以被完全探测的，因此，经历了艰辛的努力探索之后，我们对观察的物体总会有一些了解。同时，被观察的物体也总有一些是我们无法察觉或者无法准确描述的。因此，我们不可能对物体作出完整的、没有丝毫缺失的描述。

如果这个观点是正确的，那么它与自然的可理解性明显对立了起来，不过它本身并非要对自然的可理解性进行挑战。从一开始我就说明了一点，我强调的这两个原则不是要对科学进行约束，它们只是表达了许多世纪以来物理学遵循的原则，以及其中一些无法轻易更改的东西。我觉得我们现有的知识还不足以去改变这些原则。我认为，可能我们的模型可被修改成任何时候都不显示那些原则上无法被同时观察到的特性。由于这是一个物理学内部的问题，在这里我们无法详细解答。但通过对以前理论的阐述和测量装置无法完美描述被观测物体的性质来看，人们已就主客观关系对认识论本质得出了一个非常重要的结论。主观与客观的神秘分界线已经被物理学的新发现进一步推进，并且告诉我们这不是一条明显的界限。它使我们明白，对一个物体的观察永远不可能不被观察行为本身所影响，它同时也让我们理解，观察方法的改进和对实验结果的缜密思考可以打破主观与客观之间的界限。

为了批判这些论点，就让我像许多古代和近代的思想家一样，首先接受古老且神圣的关于主客观区别的观点。从阿布德拉的德谟克利特到柯尼斯堡的康德，这些接受这个观点的哲学家都强调个体的感觉、知觉和观察，都具有十分强烈的个人主观色彩，并不能传递康德所称的“物自体”的本质。虽然有些思想家可能会认为人们对“物自体”有或多或少、或强或弱的歪曲，康德却让我们彻底放弃理解“物自体”。因此，一切现象具有主观性成为一个令人熟知的观点，不过如今它被添加了一些新的内容：我们感官的性质和即时的活动状态决定了我们从环境中得到的印象。反过来，我们以及我们用来观察环境的技术和仪器也不断地修改着环境。

也许在某种程度上确实如此。在最新发现的量子物理定律中，这种修正不能被降低到特定的界限。但我不愿将其称为主体对客体的直接影响。主体如果是事物，那也是那些能感知和思考的事物。从谢灵顿和斯宾诺莎的观点中，我们知道感觉和思想不属于“能量世界”，它们不能在这个能量世界产生任何变化。

这些观点都源于那古老且神圣的关于主体与客体区别的观点。虽然在日常生活中，“为了实际参照”我们必须接受它，但我认为在哲学中应该抛弃这些思想。康德的哲学理论已经向我们揭示：我们对崇高但却空洞的“物自体”概念永远一无所知。

同样的元素组成了我的意识和我的世界，这一定律也作用于他人的意识和世界，尽管这其中存在着许多大量的“相互参照”。我只在一个世界，而不是存在与感知分离的两个世界。主体与客体也在同一个世界中，它们之间的界限并没有因为现代物理学研究而变得更清晰，因为这个界限实际上是不存在的。

第四章

算术悖论：意识的统一性

在我们的科学世界图景中，为什么我们找不到感觉、知觉和思考的自我呢？可以简单地用一句话来解释：因为它就是图景本身。正是由于整个图景就是它本身，所以它无法作为一部分而被包括进去。但是，我们在此遇见了算术悖论：看起来有许多有意识的自我，然而这世界却只有一个。这是因为世界这个概念产生了它自己，而我们周围的世界是由无数人的意识重叠领域构成的。但我们仍然会有一种不安的感觉，会提出这样的问题：我的世界真的和你的相同吗？是不是存在一个更为真实的世界，它不同于我们任何一个人通过感官知觉获得的世界？如果这是真的，每个人对真实世界的感知是否一致？或者说这个真实的世界其实与我们感知的世界有着巨大的区别？

这样的问题很巧妙，但在我看来却很容易混淆我们的论题。这个问题没有确切的答案，它会导致二律背反的出现，这些悖论的来源都指向一处，即我称作的算术悖论。这个世界是由许多有自我意识的精神体共同制造的，如果这个算术悖论得以解决的话，其他的所有问题都可以迎刃而解，并可以揭示出它们的虚假性。

算术悖论可以通过两种不同的方法来解决，但从现代科学（它是以古希腊的思想为基础，因此是完全“西方式的”）的角度来看，这两种方法都显得很疯狂。其中一个方法是莱布尼茨[1]的单子学说中世界的多重化：每一个单子自身就是一个世界，它们之间没有必然的联系。这些单子“没有窗户”，被“单独监禁”。但它们彼此间的契合是一种所谓的“预先建立的和谐”。我想没有人会对这种解释感兴趣，这种解释也丝毫无益于解决算术悖论。

剩下的一个选择是意识和知觉的统一，也就是说多重意识只是一个表象，实质上它们是同一个意识。这就是《奥义书》中提出的学说。不仅《奥义书》持有这种观点，除非有强大的预先反对意见，那些与神合一的神秘现象解释通常都持有这种观点。请允许我引述《奥义书》之外的一个例子，是13世纪的伊斯兰波斯神话。接下来的内容摘自弗里茨·迈耶的文章并由我将其从德译稿中翻译了过来：

> 一切生物死亡之后，灵魂回归到灵魂的世界，身体回归到身体的世界。不过，在死亡的过程中只有身体发生了变化。而由于灵魂世界只是唯一的灵魂构成，因此它就像身体世界后的一盏灯。每当一个生物形成的时候，灵魂的光芒就像阳光穿过窗户一样照射进身体。窗户的大小和种类决定了光进入世界的多少，但是光本身却没有发生任何变化。

赫胥黎在十年前出版了一本名为《永恒的哲学》的著作。他在书中收录了各个时代和民族的各式神话。只要翻开它，你随处都可以找到许多优美的表达。许多民族和宗教相隔年代久远，生活在地球上不同的地方，但是他们

1　莱布尼茨：戈特弗里德·威廉·莱布尼茨，德国哲学家、数学家，历史上少见的通才，被誉为17世纪的亚里士多德。

的许多神话却十分相似，甚至出奇一致。

但必须要说，这个学说并没有引起西方思想家的兴趣，甚至被斥责为毫无意义、荒谬且非科学。我们从古希腊哲学发展而来的哲学是以客观性为基础的，它切断了对认知主体和精神活动的理解之路。我认为这正是我们如今思维所欠缺的地方，或许我们可以从东方的思想中汲取一些经验。这并不是一件简单的事情；我们需要防止由于输入东方的血液而导致自身的血浆凝结。我们不希望失去我们在科学思想中已经达到的逻辑精确度，这是之前任何时代和地方的人都不曾达到过的。

尽管如此，有一点是支持意识统一论的，那就是意识之间以及它们和最高意识的一致性，这正好与莱布尼茨的单子学说观点相反。意识统一论可以声称它的论点是以实际经验为根据的，我们中的任何一个人的意识从来没有出现过多重性，并且总是以单数的形式出现。同时也没有任何相关证据表明，这种情况曾在世界的任何一个地方出现过。就我们个体而言，同一头脑中不可能有超过一种意识。这是一种无意义的重复，因此我们自身就无法想象出相反的情况。

有时，我们会期望这种无法想象的事情在一些事例和场合中出现，在此我打算做一下详细讨论，并通过查尔斯·谢灵顿爵士的发现来佐证我的观点。谢灵顿除了拥有爵士头衔之外，还是一名头脑冷静且天赋极高的科学家（非常罕见）。就我所了解的情况来看，他不曾对《奥义书》中的哲学有任何偏见。我这样说的目的，是让这个学说和科学世界能在未来逐渐融合，并且不会导致理智的消失或逻辑精确性的下降。

虽然我们可以说一个头脑中有多个意识，但却根本无法想象在同一个头脑中有多种意识是怎样的场景，因为我们没有任何相关的经验来描述。即便是病理学上有一种病症叫作人格分裂症，病人的两种人格也是交替出现的，不会在一个意识中同时出现，而且两种人格之间互不了解是这种疾病的典型特征。

我们的梦境就像是在表演一场木偶戏，利用手中的绳子控制着各个玩偶的言行举止，只不过我们并没有意识到在这样做。这些众多的玩偶中，只有一个是我自己，就是这个正在做梦的人。通过他，我一边表演，一边迅速地对接台词，还要抱着急切的心情等待他人回答。虽然如此，但我无法让梦中的角色遵照我的意愿说话和行动。我觉得梦中的角色很有可能是在现实生活中我无法控制的那些对我构成严重阻碍的人或事的化身。这就可以解释为什么有些老人会坚信自己与梦中的人有过真正的交流，无论这些人是否健在，也不管他们是英雄还是神灵。这是一种迷信的观点，公元前 6 世纪末艾菲斯的赫拉克利特曾明确宣布反对这个迷信观点，他清晰地提出了自己的看法。他流传下来的语句往往晦涩难懂，但唯独在这个问题上用了清晰明了的语言。与此相反，在公元前 1 世纪另一个自认为是文明思想的倡导者留克利希阿斯却一直坚持这个迷信观点。如今，这个观点几乎没有再出现过，但我仍怀疑它是否真的已经被根除。

下面我们来讨论另一个话题：我无法想象意识是如何由身体中所有或部分细胞集合而成的，或者说生命中的每一刻意识是怎么由它们合成的。有的人会认为我们人体是一个“细胞联合体”，那么我们的意识也应该会表现出一种多重性。这种“联合体”或“细胞国”在当今已经不是什么比喻的说法，让我们来看谢灵顿的观点：

> 我们身体中的每一个细胞，都是一个以自我为中心的“个体生命”，这样的宣言不仅仅是一句简单的话语或者为了描述的方便。细胞是我们身体的组成部分，它不仅是一个个可以分离的个体，也是一个以自我为

中心的生命有机体。它有自己的生活方式……每个细胞都是一个单独的生命，因此细胞生命组成了我们这个完整的生命统一体。

对上面这个话题我们可以做更进一步的讨论。根据大脑病理学和生理学对感觉的研究，我们可以把感觉器官分成各自独立的领域。这种区域独立性令人非常诧异，我们希望能找到思维与这些区域之间的相互联系，但事实上这种联系并不存在。下面就是一个非常典型的例子：当你在观察远处的景物时，如果你先用双眼看，然后闭上左眼只用右眼看，再闭上右眼只用左眼看，你不会发现有什么明显差别。我们的心理在三种情况下呈现的视觉空间都是完全相同的，其中的原因是刺激从视网膜的神经末梢传递到了大脑的同一个区域，而感觉正是产生于大脑的这个部分。这就像是在按我家大门的门铃或者我妻子卧室的门铃，与这两个按钮相连的厨房铃也会一同作响。这种解释是最简单的，也是较为容易理解的，然而却是错误的。

谢灵顿曾经做过一个非常有趣的闪烁阈值频率的实验，我将对此作一个简短的描述。设想在实验室中建立一座小型灯塔，每秒可以闪烁 40 次、60 次、80 次或 100 次。我们可以看见低频率的闪烁，但是当频率增加到某一固定的次数后，闪烁就消失了。这时一个观察者如果用肉眼观察，看到的就是连续的光。现在我们把闪烁的阈值设定为每秒 60 次，接着做第二个实验。这时我们使用一种装置，使得左眼只能够看见第一次闪烁，右眼只能看到第二次闪烁，这样的话每只眼睛在每秒钟就只能看到 30 次闪烁。如果视觉刺激是传到了同一个生理中心的话，那么这次的实验结果应该和第一个实验结果相同。如果我每两秒按一次大门上的按钮，妻子也以同样的频率按卧室门上的按钮，不过是与我交替进行的，那么厨房的铃声会每秒钟都会响一次。然而，闪烁实验的结果却不如上述所说。左眼看到的 30 次闪烁与右眼看到的 30 次闪烁加在一起，我们依旧能够看到闪烁的感觉。这时我们把闪烁的频率提高一倍，左眼和右眼都看60次闪烁，这样闪烁感才会消除。于是谢灵顿总结道：

两个观察结果的合并并不是大脑机制中的空间连接造成的……更像是两个观察者分别看到左右两只眼的图像，然后这两名观察者的意识合二为一。仿佛左右眼的视觉单独加工接收到的信息后，在心理上合成为单一的感觉……就像每一只眼睛都有单独的感觉中枢，以一只眼为基础的精神活动已经发展到相当完全的感知水平。于是在生理上我们有两个大脑，一个是左眼的，另一个是右眼的。这种在生理上形成的视觉次大脑的运作机制不是由于结构上的联合，而是两个“大脑”同时作用使得它们在思维上有很好的协作。

接下来的是他深入的综合思考，我从中挑选最有特点的段落摘录如下：

那么这种与不同感觉相联系的独立次大脑是否真的存在呢？在大脑顶部，“五”种感官是在自我区域中各自为政，还是在更高的机制作用下进一步融合？准独立的感觉意识在多大程度上合成意识，同时出现的经历决定了它们大范围的心理整合……当涉及“意识”问题时，并不是一个神经系统服务于一个主教地位般的细胞。相反，神经系统分布在上百万个民主单元里，其中每个单元都是一个细胞……这些小的生命单元合成了具体的生命整体，这不仅反映了它的合成特性，也表明了生命体是由许多小生命共同作用的产物……但是当我们仔细反思意识时，却没有任何上述的特性。单个神经细胞绝不是一个微型大脑，“意识”的指令对于身体的细胞结构而言没有任何意义……一个具有主导地位的单独脑细胞，无法比大脑顶部的大量细胞群更能保证意识的反应具有非原子的特性。物质和能量，甚至生命都是由微粒构成的，意识却不是。

这里引述的段落给我留下了深刻的印象。谢灵顿凭借他的坦率和理性，努力去解决这个悖论，并且一直直面这个问题，从不逃避，一旦有了答案就毫无保留地公之于众。他知道，这是解决科学或哲学问题的唯一办法。与此相反，用“动听”的言语去掩饰只能阻碍进步，制造障碍并使得这个矛盾长久存在。谢灵顿提出的悖论也是一个算术悖论，或者说是关于数字的悖论。我前面提到的悖论与他提出的悖论有相似之处，但又不尽相同。前一个悖论简单地说是许多意识合成“一个”世界，而谢灵顿的悖论是，许多生命细胞或很多次大脑组成了单一意识，每一个次大脑都是独特的，于是我们总是倾向于将它与次意识联系起来。但我们知道次意识和多重意识在任何人的经验中都找不到它们的对应，也根本无法想象出来。

将西方科学精神与东方同一学说融合起来，我觉得这两个悖论是可以得到解决的（但我不佯称在这里都可以解决）。我说的是意识的总数只为一，即意识本身是单一性的。由于意识总是处于“现在”，因此我大胆地认为它不会被摧毁。对意识来说，没有曾经和将来，只有包括记忆和期望在内的现在。我承认用语言无法表达清楚这一点，我也承认这是宗教而不是科学，但这并不是违背科学的宗教。不仅不违背，它还被客观公正的科学研究成果所支持。

谢灵顿说：“人类的意识是我们星球最新的产品。”

对于谢灵顿的这种说法，我很赞同。但是去掉第一个词“人类”，那我是坚决不同意的。这个问题我们在开始时就已经谈过了。只有当特殊的生物学设置和独自反映世界事物的沉思的思维相互联系时，意识才会出现。这种生物学设置十分明显地在执行某种任务，以推进一定的生命形式并维持它们的存在，使其能够不断繁育。在这种生命形式之前，有许多生命并不通过大脑来维持自身的存在。它们其中只有一小部分才刚刚“拥有一个大脑”。那么在拥有大脑之前，一切都不存在吗？那么我们可以把无人思考过的这个世界称为世界吗？假如一个考古学家计划重建一座城市或一个年代久远的文化，他感兴趣的是那个时代，是那个地方人们的生活、感情、行为、思想、快乐与痛苦。然而，如果一个已经存在了上百万年的世界，却没有人意识到、深思过，这不就等于这个世界什么都不是吗？它真的存在吗？我们不要忘了：有知觉的意识可以反映世界的样式，这种说法只不过是惯用的比喻罢了。世界只出现过一次，没有任何东西被反映。原始的形象和镜中的是一样的，时空中延伸的世界只是我们的表象。正像贝克莱充分意识到的那样，经验无法给我们除它本身以外事物存在的任何线索。

然而，我们的大脑是由这个虚构的世界非常偶然地制造出来的。大脑产生之后，把这个世界看作一个几乎是悲剧性的延续。我将再引用谢灵顿的话对此作出描述：

> 我们被告知世界上的能量正在衰竭。它最终会走向一种永恒的平衡，可能对于我们人类来说这是最为不幸的事情。因为在这种平衡状态下，没有任何一个生命可以存活。然而，生命的进化却没有因此而中断。我们的星球不断地在演化着生命，而且继续不断地坚持这种演化。在生命体的演化过程中，意识也不断得到发展。如果意识不属于能量系统的话，那么它怎么会受到能量世界的影响而不管其变好还是变坏呢？如果能量世界的衰退不可避免，那么它是否可以安全地渡过这场劫难？我们知道，有一部分意识活动是依靠能量系统的，但是当能量系统衰退至停止时，这部分意识活动将会是什么样子呢？既然能量世界一直在经营着意识，

那么能量世界会让它消失吗？

这些考虑的确会让我们感到不安。意识扮演的双重角色一直困惑着我们。一方面它是舞台，世界上的所有剧目都在它那里上演。它又像是一个容器，包含了整个世界，而容器之外没有其他的任何物质。另一方面，我们获得一种印象，或许是靠不住的印象，在这个匆忙的世界中，意识和大脑密切相连。虽然大脑是最有意思的研究对象，在动植物生理学中却不是独一无二的。像许多其他生理器官一样，它们为了维护主人的生命而不断服务。它们被制作出来，于是在此过程中逐渐形成了服务与感念的生理功能。

画家或者诗人偶尔会在自己的作品中勾勒一个真实的、毫无遮掩的次要人物，其实这个人物就是他们自己。因此我认为史诗《奥德赛》中的盲人歌手就是作者自己的形象。当歌手唱起关于特洛伊战争的歌曲时，这位受伤的英雄在费阿刻斯人的大厅里潸然泪下。同样的情景也出现在史诗《尼伯龙根之歌》中，当他们穿越奥地利国土时，一位诗人出现了，他很有可能就是史诗的作者。在丢勒的《万圣图》中，上帝周围有两圈信徒围拢着做祷告，最里面的一圈是天堂里的众神，外面的这一圈是地球上的人类。国王、皇帝、教皇们都在外面的一圈中。如果我没有猜错的话，作为一位次要的卑微艺术家，他选择了不出现在这些人群中。

我觉得这是对意识的双重角色最完美的解释。一方面，意识是一个艺术家，它创作了整个艺术作品；另一方面，它又只是一个不重要的附属品，整个艺术效果不会因为它的缺席而受到影响。

抛开这些比喻，那我们就不得不面对一个典型的悖论，即由于我们不得不通过意识去寻找这个世界画面的创作者，同时又要成功地去理解世界，但却又不包含意识在内。毕竟，把意识强加在其中会产生一些新的悖论。

前面我论述了物理世界出于同样的原因也缺少构成认知主体的感官特征。它是无声、无色、无法触摸的。科学世界也以同样的方式缺少或者被剥夺了与意识思索、感知主体有关的一切联系。这里被剥夺的是伦理学和美学，以及一切与此相关的价值观。而且从纯粹科学的观点来看，正是缺失了这些东西，导致科学自身无法被有机地介入。如果有人尝试着添加这些缺失的东西，就像一个孩子在没有颜色的图画上涂抹颜色。这是因为任何被强加到这个世界中的意识，总是以一种科学论断的面貌出现，它和上面是一样错误的。

生命是宝贵的。“尊重生命”是史怀哲[1]制定的基本道德戒律。然而，自然对生命却丝毫不尊重，仿佛生命是最没有价值的东西。它以百万计为单位地被制造出来，很大程度上是因为它们会很快消失，或自然死亡，或成为其他生命捕食的猎物。在史怀哲看来，“你不应该受到折磨，不应该忍受痛苦”。但是无情的自然却全然不顾，它当中的物种在无休止的斗争中相互折磨。

“事物本无高低贵贱，是因为人的思考才有这种价值判断。”自然现象没有好坏优劣之分，如果价值观消失的话，意义和结果也会随之消失，可见大自然的行事是没有目的的。我们在前文中说过生物体对环境的“目的性”适应之类的话，那只不过是出于措辞的方便。对“目的性”仅仅当作字面的意思理解那就错了，因为我们是按照勾画世界的框架来论述的，而那里只有因果关系。

最痛苦的是我们的一切科学研究对世界这幕剧并不存在什么意义。我们看得越认真，它就显得越没有目标、越愚蠢。显然，正在进行的表演之所以有意义，是因为它本身和思考它的意识相联系。但科学告诉我们，这种联系明显是荒谬的，仿佛意识是由它正在观看的表演产生的。如果太阳冷却的话，

1　史怀哲：艾伯特·史怀哲，20 世纪著名学者以及人道主义者，于 1952 年获诺贝尔和平奖。

地球将会变成冰雪的荒漠，而这种演出将和意识一起消亡。

请允许我在这一章中简单地提一下无神论。科学总是受到这样的指责，尽管这种指责有时存在偏颇。事实上，任何人的上帝都不可能构造出部分的世界模型。如果这个模型能被人们接受，那么它其中必定是没有任何个人的东西的。如果上帝能被人们直接感受到的话，就会像经历过的感觉那样真实。正如感觉的表现形式那样，时空中是找不到上帝的影子的。于是，自然主义者会告诉你：我没有在时空中的任何地方发现上帝。

第五章
科学与宗教

科学能否解答宗教方面的问题呢？科学研究的成果可否被用来帮助我们解决那些一度困扰我们的问题，从而形成一个合理的、共同的意见或看法呢？我们中的一些人在青年时代一直将这些问题搁置起来，在进入暮年后苦苦寻求问题的答案，但因无果而不得不放弃；另一些人从生到死都被这些问题迷惑，并受到长期流传的迷信思想影响而怀着恐惧的心情始终找不到满意的答案。这里说的问题是指“另一个世界”“生与死”等问题。我并不是要解答这些问题，而是去回答另一个相对简单的问题，即科学能否为解决这些问题提供一些线索或帮助？

科学已经毫不费力地通过一种古老的方式做到了这一点。我记得自己曾经一度沉迷于旧时代的出版物和世界地图，里面满是对天堂和地狱的描述，后者深入地下，前者则高高悬在空中。这种表现手法并不纯粹是一种寓言方式，它表明了一个当时广泛流传的原始信仰，与后来丢勒著名的《万圣图》有所不同。如今没有任何教堂要求必须忠实地用这种唯物主义方式来阐明教义，当然他们也不反对这种做法。这种表现手法的进步正好说明了，虽然我们对于生存的这个星球知道得有限，但仍然对其中一些东西有深入的了解，比如火山的性质、大气的组成、太阳系的历史以及宇宙和银河系结构等。任何有知识的人对于虚构的宗教事务，即使相信它们的存在，也不会用科学的方法去寻找它们，但是他会赋予它们以精神地位。我的意思并不是说对怀有宗教信仰的人必须要等到上述的科学事实得到进一步确认以后再去启蒙、指导他们的认知，但这些科学事实的发现帮人们有力地排除了迷信。

上述的内容只是一个相当原始的看法，除此之外还有一些更基本的、吸引人注意的问题。比如“我们究竟是谁？”“我们来自哪里，将往哪里去？”我觉得在解决这些令人迷惑的问题时，科学提供的最有力的帮助是把时间逐渐理论化。说到这里，我们不得不提三个人的名字，他们分别是柏拉图、康德和爱因斯坦。除此之外还有一些非科学家，比如希波的奥古斯丁和波伊提乌。

柏拉图和康德都算不上是纯粹的科学家，但是他们对于科学世界的关注使得其对哲学、世界等问题产生了浓厚的兴趣。对于柏拉图而言，数学和几何学（如今几何学和数学之间的界限已经模糊，但在他的时代这两者并不相同）是他感兴趣的领域。但究竟是什么让两千年后的今天，柏拉图的光辉一直不减呢？众所周知，柏拉图没有在数字或几何图形上有卓越的建树。他对物理学中的物质世界和生命的看法还不如在他之前的贤人（比如泰勒斯和德谟克利特）。在自然方面，他也没有他的学生亚里士多德和西奥弗拉斯塔掌握得多。除了那群忠实的跟随者之外，其他人都觉得他的谈话繁冗复杂，是一种文字诡辩。他似乎从来不愿意给一个词下确切的定义，而是认为不断地提起这个词就可以让它的意思不言自明。他一度推行乌托邦的社会和政治形式，但最终让自己深陷险境。即便在今天，他的乌托邦思想依旧少有支持者，历史上那些为数不多和他站在同一立场的人，无一不体验了惨痛的经历。那么，究竟是什么使他获得了如此高的声望呢？

我认为最重要的原因是，他是第一个设想了永恒存在的人，并把这种理念当作现实加以强调，认为永恒理念的真实性远远超过了我们的实践经验，而我们所有的现实经验都来自永恒存在的理念世界，经验知识是理念世界的影子。柏拉图就是这个形式理论的开创者。当然，这靠的不仅仅是他的一己之力，巴门尼德和爱利亚哲学思想在很大程度上影响了柏拉图。柏拉图秉承了该思想，并使其更有活力和影响力，这正像他通过生动的比喻揭示学习的本质那样，他认为学习不是发现新的真理，而是回忆生来就有的、潜在的、不变的理念知识。在柏拉图那里，巴门尼德那永恒不变、无处不在、始终如一的“一”演变成了更为有力的理念论。这个理论引发了想象力，但它仍然具有神秘性。柏拉图之前的圣贤，比如毕达哥拉斯，以及他之后的许多人都有着非常真实的体验，而这些体验都来自数字和几何图形带来的启示。这些数字和图形以纯粹的逻辑推理阐释自己，使人们熟悉了其间的真正关系。人们从中获得的真理不仅完美无瑕，而且永恒不变，完全经得起推敲。数学关系不会因为时间的推移而发生变化，这种关系并不是人们发现后才产生的，但这种发现确实是一个重大事件，由此带来的兴奋之情就如同我们从仙女那里得到了宝贵的礼物一样。我们可以来举几个例子：

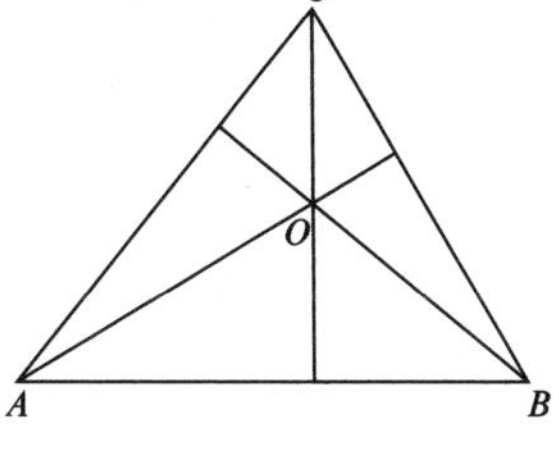

图 13

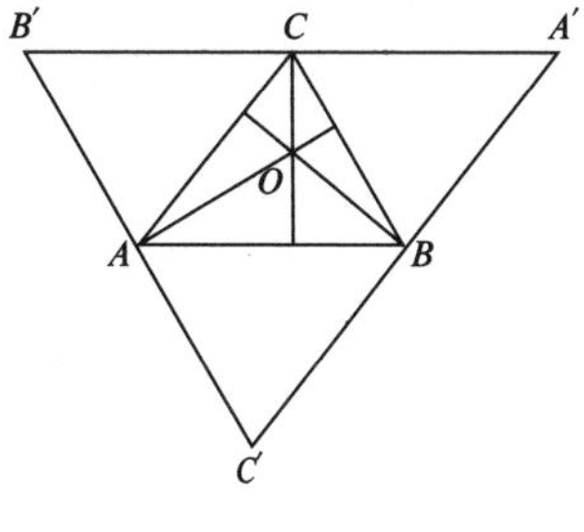

图 14

三角形 ABC 的三条高在 O 点相交（图 13），高是指从一个顶点到对边或其延长线的垂线。起初，我们并不知道它们为什么会相交在一起。其他的任意三条线为什么不会相交于一点（它们通常也会构成一个三角形）？现在经过每个顶点作对边的平行线构成一个更大的三角形 $A'B'C'$（图 14），那么图中便出现了四个全等的三角形。三角形 ABC 的三条高在这个大三角形 $A'B'C'$ 中是三条边的中垂线，即它们的对称线。经过 C 点的中垂线一定包含了所有到 A'、B' 等距离的点，经过 B 点的中垂线必定包含了所有到 A'、C' 等距离的点。因此这两条垂线的交点到 A'、B'、C' 三个顶点的距离相等，它也一定在由 A 点引出的垂线上，因为这条中垂线包含了所有到 B'、C' 等距离的点。推导完毕。

除了 1 和 2，每一个整数都是两个质数的“中间数”或其算术平均值。例如：

8=（5+11）× 1/2=（3+13）× 1/2；

17=（3+31）× 1/2=（29+5）× 1/2=（23+11）× 1/2；

20=（11+29）× 1/2=（3+37）× 1/2。

正如大家所看到的，上面的等式通常有不止一个解。这个定理被称作哥德巴赫猜想，虽然没有被证明，但被我们认为是正确的。

将连续的奇数从 1 开始相加，1，1+3=4，1+3+5=9，1+3+5+7=16 等，你总可以得到一个平方数，事实上你这样相加下去，得到的总是被加数个数的平方。为证明这个关系式的普遍性，我们可以把与中位数等距离的每组被加数（如第一个与最后一个，第二个与倒数第二个）之和换成其算术平均值的两倍，这个算术平均值显然等于被加数的个数，于是上面最后一例就成为：

4+4+4+4=4 × 4

现在我们来谈谈康德。时空理念化的观点是他学说中的基础之一，但不是最重要的部分。正如他的其他观点一样，这既无法被证实也无法被证伪，但人们并没有因此而失去兴趣（相反它激发了人们的兴趣，如果已被证明了是真或是伪，它就无足轻重了）。康德认为，事物发生的“先后”顺序和空间的无限广延其实不是我们看到的世界的特点，而是感性意识的一种先天形式。人类的感知总是不自觉地将时间和空间作为坐标系，把碰到的一切事件记录下来。这并不意味着思维可以独立于经验来理解这个秩序体系，而只是当事件到来时，不自觉地发展了它，并将其运用到经验中来。我们在此需要强调一点，这个事实并不能证实时空包含在“物自体”的秩序体系中，不像有些人所认为的那样，一切经验都来自“物自体”。

我们可以举一个简单的例子来说明一下。认知和引起感知事物的区别，在我们任何一个人身上都没有明显的界限。尽管他可能得到了很多关于事物的知识，非常详尽，但是这事物却仅仅出现一次，而不是两次或多次。成对出现的情况仅仅在与其他人或动物的交流中才会发生。在这种情况下，他们的感知与我们非常相似，但是“思维投射点”有所不同。就像大多数人一样，如果我们面临这种体验，不得不把客观存在的世界作为我们感知的来源，那么我们怎样才能明白我们的体验共性到底是由我们的思维构造所决定，还是由客观事物的共同特点所决定？显然，我们的感知构成了我们所有关于事物的知识。这个客观世界无论多么自然，它也只是一个假设而已。如果我们真的接受了这一点，将我们感知到它的一切特征归因于外部的客观世界，这样的话岂不是最不自然的事情？

康德论断的重要意义，不在于在“思维创造世界”的过程中，把思维及其世界重新又安排了角色和定位。正如我们以前认识到的那样，思维和世界很难区分开来。康德的论断中最重要的意义在于，单一的思维或世界可以由其他形式来表现，而这些形式自身无法被我们有效地掌握和理解，更无法通过时空的概念去把握。这使我们从根深蒂固的偏见中解脱了出来，也就是说除了时空形式，事物还有其他秩序。在我看来，叔本华是第一个从康德那里体会到这层深意的人。这种解脱给宗教信仰开拓了道路，同时我们也不用去与现实的经验及朴素的思想得出的结论作无谓的争执与怀疑。例如，我们不得不相信，身体毁灭之后，经验也不复存在。这种经验与身体的不可分割性是经验本身告诉我们的。那么，我们死去之后还有来生吗？按照经验，答案自然是没有。我们所能感知的经验一定存在于时空中，但死后就不存在于时空之中，因此死去之后这个概念没有一点意义。虽然我们不能仅凭单纯的思辨获取独立于时空之外的事物的证据，但是我们却可以保证，凭借单纯的思辨，我们可以有效排除认为这些证据不存在的障碍。就我而言，这就是康德所作分析的重要哲学意义。

现在我就这一话题来谈谈爱因斯坦。相信看过《科学的形而上学基础》的读者一定同意我的观点，康德的科学态度是非常朴素的。他把 1724 年到 1804 年间的物理学的发展当作了最终阶段，忙于用哲学的观点对其进行解释。对于后代的哲学家来说，他的观点无疑具有警示和引导的作用。他阐明了空间一定是无限的，并且坚信欧几里得总结的几何学特征规定了空间的性质，而人类感性的先天形式却是空间。在欧几里得的空间中，物质像一个软体动物一样运动，并随着时间的流逝改变自身的形状。对康德和他那个时代的任何物理学家来讲，空间和时间是两个迥然不同的概念。因此，他称时间为内感官形式，而称空间为外感官形式。但是，了解我们的经验世界的必由之路不仅限于承认欧几里得的无限空间，最好的方式是把空间和时间看作四维的统一体。这似乎与康德的理论基础有些出入，但并未损害他哲学中有价值的那部分。

四维空间的理论是由爱因斯坦和洛伦兹[1]、庞加莱[2]、闵可夫斯基[3]等人确立

---

1 洛伦兹：亨德里克·安东·洛伦兹，荷兰物理学家，曾与彼得·塞曼共同获得 1902 年诺贝尔物理学奖。洛伦兹以其在电磁学与光学领域的研究工作闻名于世。

2 庞加莱：亨利·庞加莱，法国最伟大的数学家之一，理论科学家和科学哲学家。他提出的庞加莱猜想是数学中最著名的问题之一。

3 闵可夫斯基：赫尔曼·闵可夫斯基，德国数学家，犹太人，四维时空理论的创立者，曾经是爱因斯坦的老师。

的。他们的发现对哲学家、街上的行人和家庭主妇的影响，在于让他们知道了这个理论的存在。在我们可以体验到的范畴内，时空关系比康德想的要复杂得多，而且比之前任何时代的物理学家、路上的行人甚至家庭主妇想象的也要复杂得多。

这个新观点对以前的时间概念产生了重要的影响。之前人们认为时间是一个“前和后”的概念。新的看法主要是从以下两点发展而来的：

（1）“前与后”的概念主要基于“因果”关系。如果事件 B 是由事件 A 引起的，或者事件 A 可以改变事件 B，那么，如果 A 没有发生的话，B 也不会发生，或者 B 将不会改变。例如，如果一个炮弹爆炸，那么坐在附近的人会被炸死，人们在远处还会听到爆炸的声音。人被炸死和炮弹爆炸可能同时发生，而在远处听到爆炸声会比这些稍晚一些，它不可能发生在炮弹爆炸之前。这是一个常识性的基本观点。实际上，我们在日常生活中也是凭借以上观点，来判断两个事件中哪一个先发生或者哪一个后发生的。这种对事件先后的区分，完全以结果不能先于原因的观点为基础。如果我们可以肯定 A 引起了 B，或者 B 发生之后有 A 的痕迹，或者我们经过推理发现 B 中含有 A 的痕迹，那么很明显 B 的发生最起码不会比 A 早。

（2）实验和观察证明事件不会以无限快的速度传播，上限是光在真空中的传播速度。这是新的时间观念的第二个基础。经过人工测量，光的速度非常快，每秒可绕赤道 7 圈。但是，光速不是无限的，我们不妨称它为 c。假如我们都同意这个自然界的基本事实，那么上述的因果关系中的“先与后”“早与晚”就不是绝对的了。不过，想要清楚明白地说明这一点，没有数学语言的帮助是不行的。这倒不是因为复杂的数学可以解释一切，包括新时间观念，而是旧有的时间观念充斥着人们的大脑和日常生活。

下面举一个不是特别恰当但通俗易懂的例子。如果先给定了事件 A，事

件 B 发生在 A 后，并在以 A 为圆心、ct 为半径的圆外，那么 B 无法显示 A 的“痕迹”。当然通过 A 也无法知道 B 是否出现，这是因为二者之间没有因果联系。不过我们知道，B 发生得较晚。于是，我们一开始建立的标准就被打破了。无论是 A 先还是 B 先，这个标准都无法成立，那么我们的论证还是不是正确的呢？

然后我们想象有事件 B' 先于 A，并也在 A 为圆心、ct 为半径的圆外。在这种情况下，同以前一样，B' 的任何痕迹都无法到达 A，当然，B' 也无法显示 A 的痕迹。

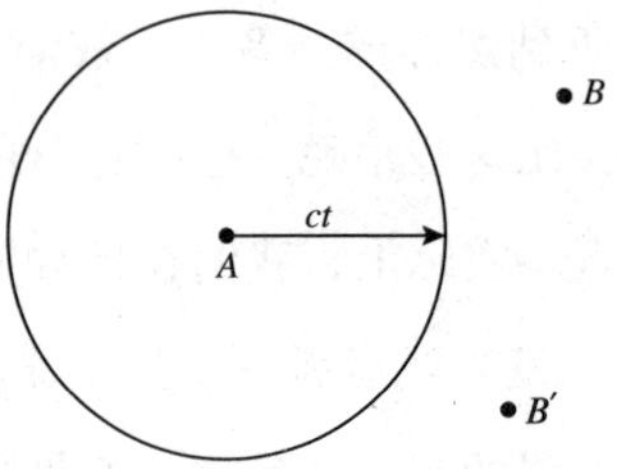

图 15

在这两种情况下，事件双方是互不影响的。就与 A 的因果关系而言，B 和 B' 并没有什么差别。如果我们想把“前和后”作为因果关系的基础，那么 B 和 B' 就构成了一类既不早于 A 也不晚于 A 的事件。这类事件占据的时空被称为（相对于 A 的）“可能同时性”区域，我们总可以找到一种参考系，使 A 与 B 或 A 与 B' 同时发生。这就是由爱因斯坦在 1905 年发现的狭义相对论。

对于物理学家而言，这些结果已经如同乘法表或毕达哥拉斯的直角三角形定理一样，是非常具体的真理了，在日常工作中会经常用到它们。但为什么它在普通大众和哲学家中引起这么大的轰动呢，我一直对这个问题感到好奇。我想这很有可能是因为它像罢黜暴君一样，废除了对我们强征暴敛的“时间”，使我们从原来的“前与后”这个无法打破的规则中解放了出来。正如《圣经·旧约》前五卷中描述的那样，时间吝啬地把我们每一个人的生存限制在70到80年。不过，我们现在可以蔑视这种限制了，即便我们能做的只不过是施以微不足道的戏谑，但这也会让我们感到莫大的安慰。因为它似乎在鼓励我们，原来“时间表”并没有想象的那么严格。

爱因斯坦并没有将康德的时间理念化思考斥为谎言，相反，他的理论是在康德成就的基础上向前迈出的一大步。

我已经谈论了柏拉图、康德和爱因斯坦对哲学和宗教观的影响。不过在康德和爱因斯坦之间，有过一次物理学上的重大事件，它虽然没有相对论造成的轰动效应大，但理应引起哲学家、行人和家庭主妇的兴趣。然而，事实上这样的影响并没有发生。究其原因，我个人认为它比相对论更加晦涩难懂，以至于上述的三类人中没人能够理解。也许，只有少数几个哲学家可以接受。这一事件的主角是美国的威拉德·吉布斯和奥地利的路德维希·玻尔兹曼，下面我谈一谈他们的观点。

自然界中事物的过程是不可以逆转的，我们很难找到例外。我们可以想象一个事件发生的时间顺序与人们实际观察到的时间顺序相反（就像电影院中倒着放映的电影胶片）。这种想象很容易做到，但无法在现实中实现。

一切事物的“方向性”可以用力学或热统计学理论来解释，这个解释是玻尔兹曼理论中最受人称赞的成就。不可逆性是原子和分子微观结构的一个基本特征。但是，对于这个理论我无法做出更详细的解释和描述。这样的观点就像是在说“火是热的，因为它有炽热的特性”。根据玻尔兹曼的观点，我们知道任何一种有秩序的状态，总是朝着无秩序的变化运作，这是一种自然的倾向。但是，反过来这种说法却不正确。这就像是把一副牌仔细排好，由红心 7、8、9、10、J、Q、K、A 开始，然后方片也按照同样的顺序排列，其他的花色以此类推。如果我们洗一次、两次或三次，那么这副排好顺序的扑克会被逐渐打乱。不过，这样的混乱并不是洗牌过程中的固定特性。我们可以继续把这副混乱的牌重新洗一次，而且我们精心设计洗牌的过程，以便抵消前一次洗牌的影响，使扑克恢复原有的顺序。然而，每个人现在看到的都是前面一次洗牌的结果。由于可能不得不等很长的时间才会等到后面那种情况偶然出现，因此没有人在实际中看到后面一次洗牌过程。

这就是玻尔兹曼对自然界事物的单一方向性的解释，这当然也就包含了有机体从生到死的生命历程。“时间箭头”（爱丁顿爵士这样称呼）的优点是它与相互作用的机制无关。在上面的例子中，就是与我们的洗牌毫无关系。洗牌这个行为，本身没有过去或者未来的含义，因此它本身就可以随时逆转。“箭头”其实是一个统计学的概念，表示过去和将来两个时间概念。我们举这个洗牌的例子，就是想说明一副牌中混乱的顺序不计其数，但是只有一种或者极少的几种是有秩序的次序。

不过，很多人一再反对这个理论，其中不乏非常聪明的人。这些反对的意见大致可以总结为：这个理论在逻辑上有明显的错误。如果基本结构无法区别时间的两种方向，即完全对称的操作，那么通过对称的操作，怎样才能使得综合行为明显地倾向于一方呢？任何在一个方向上的行为，在相反的方向上也会必然出现。

如果以上论据很充分的话，那么这个理论似乎会受到致命的打击。因为该理论最重要的核心就是不可逆的事件可以从可逆的基本机制中产生。

虽然这个论据非常有力，但并不致命。事件如果在时间的一个方向上成立，那么它会在另一个方向上也同样成立，这是因为时间在两个方向上是完全对称的。这是正确的，但是绝对不能仓促地下定论说，在任何情况下两个方向都是等价的。你必须用最谨慎的词语，表示在某些特定情况下，它是成立的。除此之外还得补充一点："耗散"在我们所了解的特殊世界中只出现在一个方向，并且我们将之称为从过去到未来。简而言之，时间流逝的方向必须由热统计理论通过其定义来决定（这对物理学家的工作方法产生了重大影响，他们不能再引入任何可以独立决定时间箭头的概念，否则这座由玻尔兹曼建造的大厦就会崩塌）。

我们也许会担心，在不同的物理学体系中，统计学定义给出的时间方向并不总是相同的。玻尔兹曼勇敢地面对了这种可能性，在他看来，如果宇宙存在的时间足够长，或者延伸得足够远，那么有可能在世界上一些遥远的地方，时间正朝着相反的方向运动着。尽管这个观点引起了很大的争论，但我们无须再对它进行讨论。这是因为玻尔兹曼不知道我们目前所了解的宇宙还不够大，也不够久远，因而大规模的时间倒流也就无从发生。不过，请允许我补充一点，局部的时间在非常小的时间和空间尺度中是可以倒转的，并且已经被观察到（斯莫卢霍夫斯基在布朗运动中发现）。

在我看来，"时间的统计理论"比相对论更能产生影响力。相对论虽然引发了巨大的变革，但是没有触及时间流动的方向性。对于方向性，它仅仅作了假设而已。而统计理论却与之不同，它以事件的发生顺序为基础建构了理论基础。这就意味着我们从时间这个暴君的专制下得到了解放。由此我认为，我们在意识世界里建筑的一切理论，不会对我们的意识进行专制统治，因为这种力量既不能将它摧毁，也不能推动它。我相信你们中的一些人会把它称为神秘主义。不过，物理学的理论都是相对的，因为它们是建立在某些基本假设的基础之上。所以我们可以宣称，现阶段的物理学理论已强有力地表明了意识不会被时间摧毁。

第六章

感知的奥秘

在最后一章中，我想就德谟克利特的著名论断中涉及的两个方面进行详细的论述。他的理论中有一个奇怪情况：一方面，我们都依赖直接的感知来了解周围的世界，无论是来自日常生活的知识，还是在精心准备的实验中获取的知识；另一方面，我们获得的这类知识，并没有揭示感知与外部世界的联系。因此，我们对外部世界的认识，以及由这种认识所建构起来的模式中，没有任何关于感知的成分。尽管所有人都很容易接受和认同以上论断中的前一部分，但是第二部分却往往被人忽略。这是因为人们崇尚科学，始终坚信科学家可以凭借“非常精密的方法”，认清那些自身永远无法被认识的事物。

比如，如果你问一名物理学家黄色光是什么，那么他会告诉你它是一种波长在 590 纳米（1 纳米为十亿分之一米）左右的横向电磁波。如果你继续问他黄色来自何处，他会说：其实根本没有黄色，只是我们的视网膜接触到这些波的振动的时候，自动就会产生黄色的感觉。如果你继续询问关于黄色的问题，他就会说，不同的波长会产生不同的色彩感，当波长为 400 ~ 800 纳米时才会出现颜色的感觉，但并不是所有波长的光线都会产生这种感觉。在物理学家看来，超过800纳米的红外线、不足400纳米的紫外线与人眼能感受到的400 ~ 800纳米的光波在本质上是相同的。那么，眼睛对光的特殊选择是怎样产生的呢？这显然是对太阳辐射的一种适应。在这个波长区域，阳光是最强烈的，而到两端逐渐变弱。由于黄色正好处在阳光辐射最强的峰值区域内，因此它是眼睛能够感受到的最亮的光。

我们可能会进一步询问：是不是仅仅由波长邻近590纳米的光才会产生视觉上的黄色？答案是否定的。760纳米的光波能产生红色感，535纳米的光波能产生绿色感。将红光和绿光按照一定的比例混合起来，也会产生黄色。这种黄色的光波与590纳米处的黄色光波在视觉上的感觉是一样的。也就是说无论是单色黄光还是混合黄光，看起来完全是一样的，无法通过肉眼区别彼此。那么我们是否可以通过波长对色觉预先作出一个判断呢？也就是说，色觉与光波的客观物理性质是不是存在一定的数值联系呢？答案是否定的。所有这类混合光图都是通过实验发现的，被称作色三角形。波长只是其中一个因素，并不是全部因素。像这样的光谱中两种光混合产生的波长，位于其中的光并不具备普遍性的规律。比如，将光谱两端的红色和蓝色混合，产生的紫色并不符合光谱中的任何一种单色光。并且，混合光图和色三角形对于不同的人来说，所产生的感觉略有不同，而那些三色视觉异常的人（非色盲）与平常人对此的感觉也是有差异的。

物理学家通过对光波的客观描述无法解释色彩的感觉。如果加入生理学家对于视网膜的变化过程，以及在这个变化过程中视神经与大脑内部的相互反应的描述，是不是就可以解释色彩感的产生了呢？就我个人而言，回答是不能。我们可以掌握在某个特定方向或某个特定视觉感受范围内，大脑对于黄色出现时发生的变化，比如哪些神经纤维被激发，以什么样的频率被激发，或许它们在特定脑细胞中引起变化的过程，我们可以通过各种技术或操作捕捉到。但即便如此细致的了解，也不能告诉我们，色彩感觉或某特定方向的黄色感觉是怎样产生的。对于味觉，比如甜味或其他味道，我们对于这样的生理过程的了解也是一样的。我只想说，就像对电磁波的客观描述中不包含电磁波的特征解释一样，任何对神经系统变化过程进行的客观描述，都不包含对“黄色”“甜味”等这样生理感觉的特征解释。

其他感觉也是一样的。把刚刚研究过的色彩感与听觉做比较，是一件非常有意思的事情。膨胀或收缩的弹性波通过空气可以传到我们的耳朵里。这些波的波长，或者准确地说是频率，决定了我们听到声音的音高（注意，生理学中使用频率而不是波长来描述声音，对光也是一样，但频率和波长实际上正好成反比，因为光在真空和空气中的传播速度并没有明显的不同）。我们可以听见的声音频率范围与可见光的频率范围是很不同的。声音的频率是从每秒 12 ～ 16 次到每秒 20000 ～ 30000 次，而光的频率则为每秒几百万亿次。但声音的变化幅度要比光更大，它包括十个八度变化，而可见光还不到一个。这种变化因人而异，还会随着年龄的变化而不同。音高的上限会明显随着年龄的增长而下降。如果把几种频率不同的音混合后，它总是和某一中间频率的音单独产生的音高感觉相同，这是声音最为显著的特征。对于一般的人来说，大部分情况下是可以区分出同时出现的重叠音调的，对于那些音乐造诣很高的人来说更是如此。把不同强度、不同特点的较高单音进行混合，就会产生我们经常所说的音色。即使我们听到的只有一个音符，也可以根据音色区分出到底是小提琴、军号还是教堂的铃声或钢琴的演奏。就连噪声也有自己的音色，我们可以通过音色来推断出正在发生的事情。甚至于我的狗对铁盒开动的声音也有感觉，因为我偶尔从铁盒里取出饼干喂它吃。在这些例子当中，重叠声音的频率比是最重要的。不管你将留声机的唱片播放速度加快还是减慢，你都可以分辨出它的曲调。因为重叠声音的频率比是以同样的比例变化的，因而不影响音色。然而，如果重叠声中某些声音的绝对频率发生变化的话，那么情况就不同了。如果将记录人声的留声机播放得太快，唱片中的元音会发生明显的变化，比如“car”中的“a”就变成了“care”中的元音。在一定的频率段内出现连续的音会让我们觉得不悦耳，无论这些音是有先后顺序、此起彼伏，还是同时发出的，都像警报声或尖利的猫叫声一样。这一点与对光的感觉大不相同，因为一般情况下，我们所见到的色彩都是光的连续混合形成的效果。因此，无论在大自然还是在绘画中，连续的色彩层次都会让我们感觉异常绚烂。

我们对听觉主要特征的详尽了解，建立在我们对耳朵生理构造的了解之上。我们掌握关于耳朵生理机制的知识要比视网膜的丰富和准确得多。耳朵的主要器官是耳蜗，它是一个蜷曲的管状骨，类似一种海生蜗牛的壳：它像细小的螺旋式上升的楼梯，越向上越窄。在台阶上，弹性纤维沿楼梯蜿蜒伸展，形成了耳膜。耳膜的宽度（每一根纤维的长度）随着“底部”向“顶部”的顺序不断减小。因此，耳膜就像竖琴或钢琴的琴弦，不同频率的振动接触到不同的纤维，就会做出不同的机械反应。耳膜的某一区域，其中包括的一系列纤维（不止一根）会对一个特定的音频做出反应；而耳膜的另一区域，其间包含着较短的纤维，它会对较高的音频做出反应。特定频率的机械振荡在神经纤维中产生了神经刺激，然后传入大脑皮层的特定区域。我们知道，所有神经系统的变化只与刺激强度有关系，刺激强度只影响神经脉冲的频率（不能将神经脉冲的频率与音频相混淆，两者没有任何关系）。

当然，情况也不像我们说的那样简单。倘若完全根据我们拥有的区分音调与音色的能力，那么一位物理学家可能会设计出截然不同的耳朵，人类耳朵现在的样子只是设计中的一种答案。如果在耳蜗中的每一根“弦”，只对相应的振荡区域的频率做出反应，那么这一切将会变得很简单。但是事实不是这样，因为这些弦的振荡会有衰减，这就会扩大共鸣的范围。根据这个原理，物理学家想方设法地减少阻尼，然而这又会导致另一个后果。也就是说，当声音的声波停止以后，我们听到的声音还要持续一段时间，直到我们的耳蜗中的共鸣器停止活动。因此，我们可以区分音调的细微差异是以损失前后声音的辨别为代价而获得的。但是，我们的耳朵却可以将音调的差异与前后声音分别有效地协调起来，这是我们至今还未解开的谜团。

上面讲到的这些细节是为了让大家意识到，不管是物理学家还是生理学家，他们的描述都没有包含听觉的特点。任何这类描述都以同样的一句话结束：神经刺激传到大脑的某个特定区域，在那里它们被转化成了一系列的声音。当空气中的压力变化使耳鼓产生震动时，这种变化可以被我们记录并仔细追踪。通过这样仔细的研究，我们明白了声音首先是通过细小的骨头传到另一层膜，进而传到上述我们描述的那些长度不同的纤维组成的耳蜗内膜。接着，耳蜗中一根振动纤维通过某种方式，与相联系的神经纤维建立了电磁和化学传导。我们还能跟随这些传导一直到大脑皮层，进一步了解那里的客观情况。但我们却没有办法解开“如何记录为声音”这个谜。它不在我们描述的科学画面中，而是隐藏在正在谈论大脑和耳朵的这个人的意识中。

我们可以用同样的方式讨论味觉、嗅觉、触觉和知觉。前两种通常被称为化学感觉（嗅觉可以检测不同气体，味觉则可以对不同液体作出判断）。它们与视觉有共通之处，即对无限种可能的刺激产生有限的感觉反应。就味觉来说，它的感觉主要有苦、甜、酸、咸和其一定的混合；就嗅觉来说，我个人认为它的感觉种类要比味觉丰富得多，尤其是某些动物的嗅觉非常灵敏。不同的动物对物理和化学刺激的不同客观特性的感受是不同的。例如，蜜蜂的视力强到可以看到紫外光。三色视觉对于它们而言是真实存在的（而不是早些实验给出的双色视觉，那时没有考虑紫外线）。正如慕尼黑的弗里希[1]不久前发现的一个有意思的现象，蜜蜂对光的偏振非常敏感，这可以帮助蜜蜂判断太阳的方向。对于我们人类来说，即便是完全偏振的光，我们也没有办法将其与普通的非偏振的光区别开来。蝙蝠对高频振动（超声波）的敏感远远超出了人类听觉范围的上限。它们自己发出超声波，并用作“雷达”帮助自己避开障碍。而我们人类如果没有留意，碰到一个非常冷的物体，会在瞬间觉得它很热，甚至手指上有烧灼的感觉。这是人类对冷热的感觉在一种极端的条件下表现出来的奇怪共通特征。

美国的化学家在二三十年前发现了一种奇怪的化合物。我虽然不记得它的化学名称，但知道它是一种白色粉末。有些人觉得它无味，而另一些人则觉得它很苦。这个现象引起了人们极大的兴趣，纷纷对它进行了广泛的研究。人们经过研究发现，原来这种味觉差异是因为人本身在味觉上有天生的特性差异，与其他条件没有任何关系。更有意思的是，这种特性的遗传遵循了孟德尔定律。正如血型遗传一样，“苦味员”或是“无味员”的身上没有明显的优势或劣势。不过，在“苦味员”身上的杂合子中发现，有两个“等位基因”的显性基因。我个人认为，这种物质不可能是孤例，这种“味道不同”的现象是普遍存在的。

现在，我们可以对光的产生及物理学家是怎样发现它的客观特性来作一番总结性探讨。迄今为止人们认为原子核周围“做某种工作”的电子产生了光。电子既不是红色的，也不是蓝色的，更不是其他颜色。质子和氢原子的原子核也是这样的情况。按照物理学的观点，只要氢原子中的质子和电子结合，就会产生不同波长的电磁辐射。在棱镜或光栅的分离下，电辐射的单色

---

1 弗里希：卡尔·冯·弗里希，德国动物学家，行为生态学创始人。

成分借助于某些生理过程，就会使观察者产生红、绿、蓝、紫的感觉。从对生理过程的已有了解，我们可以有把握地说，神经细胞并没有因刺激而显示出颜色。神经细胞是否表现出灰色和白色，以及是否与刺激有关，这些与每个人伴随刺激产生的色彩相比，是微不足道的。

通过对发光氢蒸气光谱的观察，我们可以对氢原子辐射及其客观物理性质有所了解。这种观察让我们获得了第一手知识，但这仅仅是冰山一角。想要获取关于辐射的完整知识，我们必须消除人们的主观感觉。这一点在这个典型的例子中是值得我们继续研究的。颜色本身并不能提供任何关于波长的特性，假如没有分光镜的话，一条感觉上的黄色光谱线在物理学家眼中可能并不是“单色”，而是由许多不同波长的光组成的，只有依靠分光镜才能把特定波长的光聚集在光谱的特定位置上。不同来源的光可以在分光镜的同一位置上显示同一种颜色的光。但是即便这样，我们仍然无法从色彩的感觉中获取任何有价值的线索去推理光的物理性质、波长以及其他特性。物理学家不会满足于人类仅有的色彩区分能力。实际上，我们可以用波长来对颜色做出适当的规定，比如蓝色的感觉可以先验地认为是由长波引起的，而红色是由短波引起的。

想要充分了解光的物理性质，需要用一种叫作衍射光栅的特殊分光镜将光分解。有的人建议采用棱镜，这种做法是行不通的。因为不同材料的棱镜有不同的折射度，所以我们无法预知不同波长的光被它折射到什么角度。事实上，通过棱镜你根本没有办法判断，因为光的波长越短，折射就越强。

衍射光栅的原理比棱镜更简单。光是一种波动现象，在这个基础上，如果你可以测量出每英寸光栅中所包含的等间距沟槽（通常是数千个）的数量，那么你就可判断特定波长光衍射的准确角度。反过来看的话，通过“光栅常数”和衍射角度就可推断出波长。在某些情况下（在塞曼和斯塔克效应中很明显），一些光谱线产生了偏振。我们的肉眼对这样的偏振根本无法察觉，若想要对它的物理性质进行描述，可以在光路上放一个偏振仪（尼科尔棱镜），沿着轴慢慢转动棱镜，当它转动到某一方向时，有一些谱线消失了，或者亮度减至最弱，这就是完全或者部分的偏振方向。

一旦这种技术得到完善，那么它的应用将会超过可见光的范围。闪烁蒸气的谱线远远超越了可见的区域，因此用肉眼是无法分辨出来的。就是这些谱线，它们汇集起来后就形成了无限的序列，并且每个序列的波长遵循着简单的数学规则。不管它们是否在可见光波的范围之内，这个数学规则都是成立的。虽然这个规则是在实验室中首先发现的，但目前我们已经掌握了该理论。我们可以在可见光区域外设置一块显影板，它的作用就相当于人的眼睛。波长的长度通过测量就可以得到。我们首先要测量光栅常数，即相邻沟槽间的距离（每个长度单位沟槽数目的倒数），然后测量显影板上谱线的位置，通过这些测量结果和装置的已知体积来计算折射的角度。

这些方法虽然是众所周知的，但我想强调两点，它们对所有的物理测量都有着重要意义。

我在这里详细描述的情况经常被说成“随着测量技术的不断完善，日益精密的仪器将会逐渐替代观测者”，然而，事实并非如此。观测者不是慢慢地被替代，而是自始至终都是被取代的。前面我已经试图解释了观察者对色彩的感觉并不能为判断光的物理性质提供丝毫线索。在光栅和测量长度及角度的装置被发明之前，对于光的物理性质和成分，哪怕是最粗浅的了解也是不可能的。测量仪器的使用是相当重要的一步，虽然这种装置在未来还会被完善，但这在认识论上来说已经不太重要。因此就认识论来说，它们的作用本质是相同的。

观察者永远不可能被仪器完全替代。如果真的可以的话，那么观察者就不可能获得任何知识。无论是在制作仪器的过程中，还是在完成制作之后，观察者都必须全心全意地投入其中，仔细测量仪器的大小，并且认真检测可移动的部分来达到我们的设计要求。诚然，物理学家对于一些测量和检测的工作需要依赖生产和出售仪器的工厂，可是所有的信息最终要反馈到某个或某些人的感官。最后，在使用仪器进行研究的时候，不管是直接在显微镜下还是在显影板上测量，不管是调度还是距离，观察者都必须读出这些数据。许多装置可以使数据读取工作更加便利，例如为了有效直接地显示出谱线位置的放大图像，我们可以使用透明片的光度记录仪。但是不管怎样，这些获取的数据最终需要人来读出，因此观察者的感官介入是必然的。若不经人的观测，即使最精细的记录也无法说明任何问题。

这样，我们又遇到了前面提到的相同境遇。虽然人的直接感觉无法告诉我们光的任何客观物理性质，感觉作为信息的来源从一开始就被抛弃，但我们最终得到的理论图景完全依赖于错综复杂的各种信息，而这些信息又都是通过我们的直接感知获得的。我们的感觉建立在这些信息之上，由它们合成，但是还不能说它就包含了这些信息。然而在使用以上图景时，我们通常忘掉了感觉，只是一般地知道光波的概念并不是什么突发奇想，而是建立在实验的基础之上。

我很惊讶地发现，早在公元前5世纪德谟克利特就已经知道了这种奇怪的现象，虽然他并不知道任何上述类似的物理测量仪器。

盖仑曾经记录了德谟克利特的一个论断，这个论断中包含了智慧与感觉就什么是“真实”的一场争论。智慧说：“表面上有甜味，表面上有苦味，表面上有色彩，但实际上只有原子和虚空。”感觉不同意智慧的观点，说：“智慧啊，你真可怜！你这不是在利用我们的论据来反驳我们吗？其实，你的胜利就是你的失败！”

在这一章中，我试图用一些最基础的科学、物理学中的例子，来说明两个基本的普通事实：（a）感觉是所有的科学知识的基础；（b）然而这样的科学知识中并没有关于感知的成分，因此，它不能解释感觉。

最后，我作一个简短的总结。

科学理论给我们的实验和观察指明了方向。每一个科学家都知道，在一些初步的理论确立以前，记忆相当数量的事实是很困难的。然而，当一个逻辑缜密的理论出现后，它的创始人在相关的论文或论著中并不描述他们发现的基本事实，或不愿意将它们介绍给读者。

当然，我不是对这些作者怀有偏见而在这里指责他们。尽管这种方式有它自身的好处，可以帮助读者有规律地记忆事实，但是它却忽视了通过观察获得理论与实际观察获得理论之间的区别。由于观察总是包含了感觉的成分，于是理论通常被人们误解为可以有效地解释感知，但实际上它永远没有办法做到这一点。

我的世界观 03

前　言

这里发表的两篇论文的写作时间间隔35年。较长的第一篇是在我被任命为柏林马克斯·普朗克研究所的继任者之前不久写的，写完后没多久我就开始把精力投入现在被称为波动力学的研究中。较短的第二篇是在我被任命为维也纳大学名誉教授的两年后写的。二者在主题上有着密切的联系，当然，也与我在写作两篇文章之间公开提倡的许多观点有关。

我不知道假定读者会对“我的世界观”感兴趣是不是一种自以为是。我相信评论家们一定会对此有定论。不过，过于优雅谦虚的姿态通常是傲慢的伪装。总之，这两篇文章的全文总数也就二万八千字到二万九千字（我数过）[1]。对于世界观来说，这不是一个过长的篇幅，因此我不会为此而感到内疚。

不过有一件事我要坦白，这里没有任何一个字会提到实用性、波动力学、不确定性关系、互补性、宇宙膨胀和稳恒态宇宙理论。

有人会疑惑我为什么不谈论自己的专长，而是去染指专业哲学家的领

1　作者数的是英文字符。

域，要知道隔行如隔山。在这一点上我可以高兴地为自己辩护：因为我不认为这些事情与哲学世界观之间有那么多的联系。在某些关键点上，我和马克斯·普朗克和恩斯特·卡西尔[1]意见一致。1918年，在我31岁的时候，我非常有希望接替盖特勒在琴斯托霍瓦[2]担任理论物理学的教职。我当时已经准备好了理论物理的讲课工作，以我敬爱的老师弗里茨·哈森诺尔为最高榜样（他在第一次世界大战中阵亡）。然后，我打算把剩余的精力集中到哲学，因为当时我深受斯宾诺莎、叔本华、马赫[3]、理查德·塞蒙和理查德·阿韦纳瑞斯的著作的影响。不过，琴斯托霍瓦很快就被德国占领，不再属于奥地利，所以一切没能成行。我不得不继续坚持理论物理，而令我吃惊的是，我竟也取得了一些成就。所以，这本小书算是实现了我一个非常长久的愿望。

埃尔温·薛定谔

于阿尔卑巴赫

1960年7月

---

1 恩斯特·卡西尔：德国哲学家，代表作为《符号形式的哲学》。

2 琴斯托霍瓦：波兰南部西里西亚省的一座城市。

3 马赫：即奥地利物理学家恩斯特·马赫。

第一章
寻路

一般形而上学

像康德那样全然不顾形而上学并不困难，我们需要的就是朝着形而上学轻轻吹一口气，把它吹走。不需要强大的肺活量，需要的仅仅是那一份勇气，一份敢与久负盛名的传统对抗的勇气。

但是你不要奢望这样就能把形而上学从人类的知识体系中消除干净。事实上，如果我们真的一股脑儿把所有的形而上学都删除，那么无论是哪一个领域中界限最为清晰的论题都会变得难以解释，甚至无从解释。形而上学是对一种超乎物质的意义进行全盘接受，这种意义可以承载在一本薄薄的书籍之中，正如你读到的这本。

或许，我们可以从一个更深的层面来解读：我想每一个人初次读到基尔霍夫[1]和马赫描述的物理学中“用最简洁的思想对事物进行最详尽的描述”时，

---

1 基尔霍夫：德国物理学家。

都会有一种惴惴不安之感，仿佛被一种冷冰冰的空虚感扼住了咽喉。尽管我们打心底同意他们的描述，但依旧能感受到这种难以把握的空虚感。事实上（让我们诚实地、忠实地审视自己），仅仅把消除形而上学这个目标摆在眼前，并不足以使任何领域的研究工作向前发展。消除形而上学意味着要把艺术和科学的灵魂都抛弃，把它们变成毫无生气的骷髅。

不过，纯粹理论的形而上学已经不再存在，没有人对康德这样的行为愤愤不平。后康德时期的哲学，或许直至现在，哲学一直因为形而上学的枯竭而显现出垂死挣扎的情形。作为一名科学家，我一边小心翼翼地建立屏障来限制形而上学对我们领域中那些已经确凿的事实产生影响，一边又要保留形而上学作为知识中不可或缺的基础，这对于我们这些后康德主义者来说无疑是一种挑战。其中的矛盾显而易见，这也是我们面临的难题。我们可以用一幅图像来做比喻：在知识的道路中上下求索时，我们必须借助形而上学的指引，但又不得不小心这种温柔的指引将我们从正道引向深渊。或者我们还可以换一种方式来说：在推动各种知识进步的道路上，形而上学是先驱，它能在未知的蛮荒之地中建立前沿哨所。若是缺少它，我们将无法前进，但我们都知道这些哨所暴露在极端的危险之中。这里需要重申一下，形而上学并不是构成科学知识大厦中的一部分，它是脚手架，没有它整个营造工作就无从谈起。也许我们还可以这么说：在康德这里，形而上学在发展过程中变成了物理学。这一点从来不是通过逐步建立和健全那些起初并不明确的各种看法达成的，而是通过对特定的哲学观念进行解读和修改后实现的。

当我们离开纯知识的领域，把文化作为一个包括伦理问题的整体来考虑时，有一个更为严重和困难的问题，那就是我们如何接受形而上学已经失效的事实。因此，康德对理性进行了第二次批判。

在过去的100年里，西方世界在一个特定的方向上取得了巨大的发展，即对自然时空事件（物理和化学）的基础有了透彻的了解，并在此基础上，从最广泛的意义上发现了大量的“机制”，用来扩大人类意志（技术）的影响范围。在这一点上，我觉得有必要明确指出，我完全不认为这是这一时期欧洲发生的最重要的事情。我认为，这个乐于称自己为“技术时代”的时代，很可能在以后的某个时候会被描述为思想革新时代，或者艺术衰落的时代。这只是顺口提一嘴，我现在最关心的是，当前正在发挥作用的那个强大力量究竟是什么。

这种局部的发展意味着，在西方思想中，文化和知识的其他路径被忽略了。事实上，这种衰退程度比以往任何时候都要严重。这看起来就像是人体中某一个器官在疯狂生长，直接造成了其他器官的损伤和瘫痪。

在被教会可耻地奴役了几个世纪之后，自然科学站了起来，意识到它的神圣权利和使命。它用愤怒和仇恨向古老的施暴者发起猛攻。它忘记了自己同时也是祖先遗产的神圣守护者，忘记了自己的责任。渐渐地，拉比在约旦河畔的古印度燃起的智慧火花慢慢熄灭了。古希腊智慧给我们带来的光芒也渐渐褪去。人们开始忘却这些事情，大多数人认为没有什么价值值得长久守护，也没有什么人值得去追随。他们既不相信上帝，也不相信其他的神明。教会变成了政治党派，道德也变成了沉重的枷锁，它们早已无法震慑人心。一种返祖现象开始出现在人类身上，西方人正处于倒退的危机之中。粗鲁且毫无约束的利己主义阴笑着抬起头来，从原始的习性中汲取巨大的力量，抡起拳头砸向人类之船的船头。

令人沮丧的资产负债表

如果我们彻底清查过去1500年间西方思想在理论和实践上的成果，会发现结果是那么的令人沮丧。西方智慧的结论认为，需要一劳永逸地消除所有的超验性，但是这并不适用于知识领域，因为我们在这个领域里必须依赖形而上学的引导。

当我们自以为用不到它的时候，只不过是我们用更多天真和琐碎的形而上学错误取代了古老的形而上学错误；另一方面，那些有文化的中产阶级已经在生活中发起了一场形而上学的自由解放运动。这些运动即使在倡导自由的康德和其他的启蒙运动者眼中也是恐怖的事情。我们可以看到，我们现在的状况和古代世界的最后阶段有着惊人的相似之处。这种相似性并非仅仅在于道德和宗教的缺乏，而且两个时代的人们均认为自己在实用知识领域内已经建立了坚实的壁垒，并且在总体形势和基本原则方面可以避免观念上的影响。古代的时候是亚里士多德哲学，现在则是现代科学。如果这种相似性确实是一次历史的重演，那这对于当下来说就是一个噩耗！就像2000年前一样，我们缺乏勇气去接受这样一份债务累累的遗产，去追求一种会让我们破产的思维方式。

你越是深入地研究那些哲学主题，就越不愿意对它们下任何定论，因为你越来越清楚地意识到，每一个定论都是那么地模糊、不恰当、不准确和片面（这种否定性的态度在佛教智慧中体现得最为强烈，它会用一些互相矛盾的陈述对事物进行象征性的表达，比如一个事物既不是A也不是非A，但是它并不能“既非A，也非‘非A’”，也不是“既是A，也是‘非A’”）。

在考察所谓古代或现代哲学的客观历史叙述时，我们常常会失望地发现这样的陈述：A或B是这个或者那个观点的代表；某某某是X主义者或者Y

主义者，他们拥护着这个体系或那个体系，或者部分拥护着这个体系同时又部分拥护着那个体系。不同的观点看起来总是针锋相对，迫使我们必须否定其中的一方，把它当作傻瓜，或者说否定双方，把它们都当作傻瓜。这不禁让人好奇，既然如此，为什么曾经有人（乃至如今的我们）会将这些傻瓜的话奉为圭臬呢？然而我们也不能否认事实的另一面，这些人在大多数的情况下都拥有非常优秀的头脑，并且提出的观点也有理有据。因此，我们觉得他们判断的不同可能是因为双方所指的事物存在着差异，或者他们是在对同一对象进行思考时，把重点放在了不同的方面。如果要给他们的思想做一个批判性的表述，就不应该强调这些思想的彼此矛盾之处，而是要着眼于把这些不同方面整合到一个完整的图景中去。不过这种整合的过程不能厚此薄彼和断章取义，否则只会得到不真实的表述。

真正的问题是：用看得见的文字媒介表达思想就像桑蚕织茧。正是因为在成为蚕丝的过程中，桑蚕肚子里的材料才有了其价值。然而这种材料在见到阳光的时候，它变僵硬了，成为了一种外在的事物，不再具有可塑性。诚然，我们可以随时随地回想起一种曾经出现过的思想，但也许我们再也无法体验到它最初被思考出来时的新鲜感。因此，最有意义的事物，是我们那些最新和最深刻的见解。

哲学式惊奇

伊壁鸠鲁曾经说过，一切哲学都源于哲学奇观。虽然我们不知道原因，但如果一个人在任何时候都对周围的巨变和神奇现象无动于衷，那么他对哲学肯定不会感兴趣。哲学式态度和非哲学式态度有着明显的差异：非哲学式态度会接纳一切事物一般形式的演变，但察觉到某一事物在今天发生了与昨天不一样的内容时会感到惊异；而哲学式态度则恰恰是对那些共同点，比如概括出我们所经历过的一切特征感到惊异。我们可以这样说，引起惊异的是这样一个事实：事物居然还能被经历和遇见。

在我看来，哲学式态度本身就令人非常惊讶。当然，当我们遇到与正常情况不符的事情时，或者至少是由于某种原因做出与预期不一致的事情时，我们都会感到惊讶和惊奇。但就这个世界而言，我们只能来走一遭，因此没有任何东西可以与之比较，也不可能以任何特定的期望来对待它，于是我们一直感到惊讶。我们对我们所发现的东西感到困惑，却又难以描述这些已发生的事物应该是什么样的形态才不会使我们感到惊讶，或者说世界应该如何被构造起来才不会像是一个谜团！

当我们面对哲学上的乐观主义和悲观主义的现象时，会比一般情况下更加强烈地感到标准的缺失。我们知道，有一些非常著名的哲学家，如叔本华，他宣称我们的世界是一个令人悲伤和不完善的地方，但也有像莱布尼茨这样的人宣称这个世界是所有可想象的世界中最好的。但是，如果一个人一生中从未离开过自己的家乡，却选择把家乡的气候形容为异常炎热或寒冷，我们该如何评价呢？

这些引起价值判断、惊奇和猜测的现象，不是指经验的一个特定方面，而是指作为一个整体的经验引起了那些极富才能的头脑的关注。在我看来，在我们经验中遇到的那些关系从来没有被形式逻辑或精确的科学理论所掌握：这些关系不断迫使我们回到形而上学。也就是说，朝着某种超越了可以直接接触的经验而前进。

问题所在

自我—世界—死亡—多元化

如果我们认为灵魂居住在身体里，就像住在房子里一样，在身体死后即离开，并且可以凭空继续生存，那么我们就无须再做以下的讨论。如果我们不那么认为，那么我认为主要的问题可以描述如下。如果这些问题无法得到解答，形而上学的争论就永远不可能停息。

这个问题包含着以下四个小问题，我们无法用“是”和“否”来给出令人满意的回答，否则只会陷入一个无穷无尽的循环。

（1）自我存在吗？

（2）在自我之外是否存在一个世界？

（3）这种自我会随着肉体的死亡而消失吗？

（4）世界会随着我的肉体死亡而消失吗？

如果是谈论自我，那么所有生理学的事实都在向我们证明，自我拥有的感觉与身体内物质变化之间存在密切的联系，以至于我们不可怀疑地认定身体的毁灭意味着自我的解体。我们必须拒绝一个存在于“自我之外”的世界，因为这两个世界都是由相同的经验“要素”所组成。事实上，“世界”一词的全部要素也是“自我”的要素。无论如何，我们称“世界”的东西只是自我内部的一个复合体，而我自己的身体只是这个世界中的一个复合体。因此，被称为“世界”的东西，只要对其本身的一小部分进行破坏性的攻击就会被彻底消灭，这简直没有道理！

另一方面，如果我们单独从世界的角度出发，世界不可能随着一个人身体的毁灭而停止。但随后便会出现以下悖论，我认为到目前为止，这一悖论只在印度数论哲学中得到了充分认识：

假设有两个人的身体，A 和 B。将 A 放置在一个特定的外部环境中，比如一个花园，这样他就可以看到某个特定的图像。同时把 B 放置在一个黑暗的房间里。如果现在把 A 放进黑暗的房间里，让 B 身处花园中，那么 A 就看不到花园的景色了（因为 A 是我的身体，B 是别人的身体）。这是一个矛盾，因为从整体上看，这种现象就好比两边负载平衡的天平却朝着一侧倾斜了一般。当然，在这里，这一个身体与其他所有身体在许多其他方面也有不同。人们总是从一个非常特殊的角度来看待自己的身体。因为它本身可以随着我的意志而移动，或者换一种说法，它的运动从开始的时刻就可以几乎如预言般地被确定和被预知。它是唯一一个在我受伤时会感到疼痛的身体。我们完全可以接受任何一个有这些特点的身体，并认为它和所有其他人的身体有所区别。但是我们没有理由去认为，这就代表了可以认同某一个身体和其他所有的身体在本质上有区别，除非我们在精神上把一个真正可感知的灵魂自我从空间上和物质上嵌入这个特定身体的内部。但是，这就成了我们从一开始就已抛弃而不予讨论的幼稚观点。

在接下来的讨论中，我们还会遇到同样的困难，虽然这次是从不同的视角来看（事实上，哲学中许多真正的问题都集中在这个中心问题上）。

让我们来研究一下任意一种感官知觉，例如一棵树的感知。许多哲学家都断言，人们必须把人对树的感知与树本身区分开来，理由是树本身肯定不会进入观察者视角，观察者获得的只是树向外展现的一部分特征。也许可以从一个更高级的角度来证明这一点，因为我们现在可以肯定地说，只有当观察者的中枢神经系统中发生了某些我们完全不知道的事件时，树才能被看到和感知。我们可以这么说：如果我们准确地知道它们，我们就不会把这些事件描述为一棵树，也不会描述为对一棵树的感知。那么说我们感知这些事件是我们感觉和思考的直接基础，这还是正确的吗？答案自然是否定的，否则我们就不会发现自己还处于一种对事物本质无法掌握的绝望境地。那么，我们感知到了什么？或者说，我们要如何把对树的感知与树本身区分开来呢？

正如我们所知，马赫、阿芬那留斯和舒佩等人已经找到了一个非常简单的方法来解决这一困境。康德认为“树本身”不仅是无色、无味的，而且完全属于“物自体”的范畴。它在任何一个方面都是我们的经验无法接近的。我们可以一劳永逸地宣布，物自体不是我们所关心的事情，我们可以无视它的存在。在我们感兴趣的事物范畴中，树的出现呈现了其自我，我们可以把它看作一种单一的数据，称为树的感知。这一数据就是我们所拥有的唯一资料：它既是物理上的树，也是心理上的树。正如我们在前面所观察到的，相同的元素组成了自我和外部世界，并且以各种复杂的形式存在，有时被描述为外部世界中“事物”的部分，有时被描述为“自我感觉”和“知觉”的组成部分。这些思想家称这种解释是世界自然概念的回归和对朴素现实主义的辩护。它消除了大量的伪问题，特别是杜波依斯·雷蒙德关于如何从原子运动中产生感觉和意识的不可知论。

但是，如果站在那棵树前的不仅仅是我一个人，并且通过交流我充分地确信了这一点，我们对这棵树的看法都是一样的，那情况又该如何呢？在这种情况下我不得不假设，这棵树在数字上是元素的复合体，同时也是数个意识的组成部分，同时属于数个自我，大家共同持有。这里需要注意，这并不是知觉的共同客体，而是知觉的共同组成部分。事实上，上面提到的思想家中没有一人对这个有点奇怪的结论选择回避。例如，马赫曾说过：“我的感觉和别人的感觉之间没有本质的区别。相同的元素在许多不同的结合点上凝聚，这就是自我。”阿芬那留斯和舒佩也表达了同样的观点。舒佩说：“我最急切要强调的是，虽然意识中相当一部分的内容在这个意义上是主观的，但并非全部都是主观的；相反，不同自我的意识中有一部分内容不仅在本质上相似，而且还是它们的共同内容，因为不同自我的意识在数量上是一致的，在严格意义上是共有的。”

这一结论虽然是唯一合乎逻辑的结论，但只要是西方人，在乍听之下都会觉得非常奇怪。我们离马赫和阿芬那留斯所说的朴素现实主义相去甚远，习惯于认为每个人的感觉、感知和思想都是一个严格隔离的领域（尽管没有什么可以证明这一点，最原始的日常经验也恰恰相反），这些领域之间没有共同之处，既不重叠也不直接影响，甚至相互排斥。在我看来，“意识元素是由几个个体所共有”这一观点既不自相矛盾，也不与其他已知的经验事实相矛盾。相反，它确实非常恰当地回归到一个真实的人在面对事物时的状态。把这种共同的存在仅仅归因于“外在物体”在不同的人身上“诱导”的那些“感官感知”，那就太狭隘了。几个人在思考同样的事情，共享着思想，这发生在现实生活中远比在科学描述中更为常见。它们是独立发生的，任何基于参与思考的个体数量来计算思想的尝试都是毫无意义的。

这里我们又面临着一个真正的悖论。只要我们放弃“自己是一个特别的自我”这一观念，自己站在上帝视角，不参与其中的外在描述，那么我们就能理解“自我就是共同的元素在许多节点上的凝聚”这一观点。但是，当我们认识到自己就是这些自我中的一员，想到这些元素的整体结构只是在一个高度不对称的任意的视角中随意呈现的自身，那么便忍不住要问，是什么能使这单一的节点与整体区别开来呢？这一问题又让我们回到了和之前完全一样的争论中去。

吠陀的见解

炽热的灵魂翱翔天际
投下图景和实像
——歌德

对于哲学来说，真正的困难在于观察和思考个体在时空中的多样性。如果所有的事情都发生在同一个意识里，整个情况就会非常简单。我们得到的会是一个简单的数据，而不管这个数据是如何构成的，都不会给我们带来那样大的困难。

我不认为这一困难可以通过我们头脑中一致的思想和逻辑来解决。但是用语言来表达解决方法是很容易的，因为我们所感知到的多元性只是一种表象，它是不真实的。在吠陀哲学中，这是一个基本的信条，它试图通过许多类比来阐明，其中最吸引人的是多面水晶的说法。多面水晶虽然展示了成百上千张真实存在的物体的小图片，但它并没有真正成倍地增加这个物体。当前的知识分子，不习惯把图像式的比喻当作哲学的洞察，而是坚持逻辑推理。但是，与此相反，逻辑思维也有着它的不足。比如通过逻辑思维来把握现象的基础是不可能的，因为逻辑思维本身就是现象的一部分，并且完全参与其中。我们可以扪心自问，在这种情况下，我们是不是还要继续否认寓言式的图像描述、是不是要因其适用性无法得到严格的证明而必须弃之不用。在相当多的情况下，逻辑思维把我们带到某一点，然后让我们陷入困境。面对这些逻辑无法确切把握却又似乎要引导我们进入的领域，我们可以用其他的方式达到目的。在这种方式下，逻辑思维并不会逐渐消失，而是集中在该领域的某个中心点上。这可能会展现出一个极为珍贵的世界图景，但它的价值并不能以我们开始时的那种严格缜密的逻辑标准来评判。其实，科学界中早已有过无数的案例，这种方法早就被认为是合理的。

稍后，我们将引用案例来支持吠陀哲学，主要是通过指出现代思想中与之一致的思维方式。首先，让我们勾勒出一幅可以用来帮助认识它的经验图景。在下文中，我们所描述的特殊情况可以被任何其他情况恰当地取代。它的作用仅仅是为了提醒我们，这一过程是需要去经历的，而不是简单地在概念上予以承认。

假设你坐在高山乡村小路旁的长凳上，四周都是青草丛生的山坡，山坡上有着很多岩石，山谷对面的山坡上有一片长着低矮桤木的碎石带。山谷两侧的峭壁上攀满了树木，一直延伸到一片平坦的牧场。在你的对面，一座高耸的冰封山峰从谷底拔地而起，平滑的雪原和坚硬的岩石此刻被夕阳的余晖染成柔和的玫瑰色，和另一边清澈透明的蓝色天空形成了鲜明对比。

按照我们通常的看法，你所看到的一切，除了微小的变化，在你之前已经存在了数千年。过不了多久，你将不复存在，但森林、岩石和天空将继续长存数千年。

那么，究竟是什么让你情愿花费时间去享受一个对你来说毫不相干的景象？

几千年来，男人奋斗、做苦工、养育后代，女人在痛苦中分娩。一百年前，也许有另一个人坐在这里，他和你一样，怀着敬畏和渴望凝视着雪山上即将逝去的光芒。他和你一样也是由女人生育、男人抚养而长大。他和你一样会感到痛苦和快乐。他是另外一个人吗？他不是你自己吗？你的自我是什么？是什么样的必要条件让此次被感知的东西进入你那里，而仅仅是你那里，不是别人那里？这个“别人”真的有什么清晰易懂的科学含义吗？你的母亲若选择与别人结婚，生了一个儿子，你的父亲也和别人结婚生了一个儿子，那还会不会有你呢？还是说你早已经存在，存在于你的父母之中，你父亲的父亲之中，你父亲的父亲的父亲之中……一直到几千年前的那代人中。即使是这样，为什么你不是你的兄弟？为什么你的兄弟又不是你？为什么你不是你的远房表亲？既然客观上所有的条件都是相同的，为什么你固执地认为你和别人所看到的景色会有差异呢？

若你以这样的方式观察和思考，就会在刹那间感受到吠陀的基本信念是如此地深刻且正确：那些你称为自己的知识、感觉和选择的统一体不可能是在不久前从虚无中突然出现的，这种知识、感觉和选择本质上是永恒不变的，在所有人身上都一样，在一切有感知的生灵身上都一样，而且数量上只有一个。这个解释不像斯宾诺莎的泛神论，不是说你是一个永恒的，无限的存在的一部分、一个片段、一个方面或一个变体。不然我们就会面对一个同样令人困惑的问题：你是哪一部分，哪一个片段？有什么客观的方法可以将这个部分和片段与其他的部分和片段区分开来？答案是并没有这样的方法。

因此，你所经历的这个生命，并不仅仅是整个存在的一部分，而在某种意义上就是这个整体。只不过这个整体的构成并不足以使它一目了然。正如我们所知，这就是婆罗门在那个神圣且神秘的公式中所表达的：Tat tvamasi，这就是你。这意味着个体之小我与宇宙之大我的融合。

因此你可以平躺在地上，把四肢伸展在地球母亲身上，确信你与她是一体的，她与你同在。你和她一样坚如磐石，无坚不摧。正如她在未来一定会庇佑你一样，她也一定会给你带来新的奋斗和痛苦。不是“某一天”，是现在，是今天。她每天都会带着你向前，成千上万次，就像她每天都会庇佑你成千上万次一样。因为只有当下和现在是永恒且常在的，是永远不会完结的。

所有道德上有价值的活动都是基于对这个真理的看法（人们很少意识到这一点）。它使一个高贵的人不仅会冒着生命危险去争取一个他认为正确的目标，而且在极少数情况下，即使没有达到这样的目标，在面对死亡时依旧能够宁静地放弃生命。它指引着行善者，在没有任何回报的情况下，依旧会愿意减轻陌生人的痛苦而使自己受苦。

科学思想的通俗介绍

在我们所讨论的基本观点中，包含着一个相对来说很容易被现代科学思想接纳的观点：一系列遗传相关的个体得以世代繁衍，并非对身体和精神生活的中断，而是某种限定。因此，我们可以认为，一个人的意识与他的祖先的意识具有同一性，就像我现在的意识和我一觉醒来后的一样。通常，反对这一论点的人会指出，睡醒后的人会对睡前的自己尝试记忆，但和祖先的存在完全不同。但在今天，这种认知在很大程度上有了反驳的实例。至少在许多动物的本能中，我们所面对的是超越个体的记忆。众所周知的例子包括：鸟类筑巢，巢的大小和数量往往正好符合这一特定物种所生产的蛋的大小和数量，但单只鸟在筑巢前对此没有任何体验。还有，在许多狗身上观察到"铺床"的行为，狗会像在草原上铺草那样在波斯地毯上压出一个窝来。还有猫为了躲避敌人，会掩埋自己的排泄物，即使在木头或地砖上它仍然会做出同样的动作。

在我看来，人们对自己的行为总是有一种内在的意识驱动，再加上错误的信念，因此想要发现这种本能较为困难。只有当行为完全没有经过思考，在没有任何深思熟虑的情况下，本能才可能显现出来。这就使人产生了一种强烈的倾向，即凡事强调主观的一面，对是否存在物种记忆持怀疑态度，认为这些现象对于我们的讨论没有价值。然而，人和动物一样，有着一种明显的超个体记忆印记，那就是性感觉的初次觉醒，包括两性之间的吸引和排斥感、性好奇、性羞耻等。不过坠入爱河时那种难以描述的，部分痛苦、部分天堂般的情感，尤其是矢志不渝的爱情，却不是整个物种所共有的，它只体现了个体中特殊的记忆痕迹。

我们可以看到另一个例子“Ekphoria”（塞蒙用的词，意指外部刺激在生物体中留下的记忆），它发生在一些人的日常生活中，与所谓的“吵架”有关。有人侵犯了我们的权利（无论是在事实上还是在我们的观点中），我们立刻感到生气，并做出积极的反应，包括训斥、辱骂等诸如此类的行为。我们变得“兴奋起来”，脉搏加快、血液涌向头部、肌肉紧张、颤抖，变得“充满活力”，而且常常不可抗拒地被驱使着行动。简而言之，整个有机体以一种令人诧异的方式准备开战，这是数千年前处于类似环境中的我们的祖先所做的行为，去攻击和抵御侵犯者。这对祖先来说是非常必要的，对于我们来说却已经丧失了其必要性，但我们无法控制这一系列的生理现象。这种现象会发生在任何有这一点暴力诉求的人身上，即使他非常清楚地知道，任何实际上的暴力行为都是不可取的，反而会给自己造成严重的伤害，但在那一刻他的生理活动不会考虑这些。特别是，即使他有意识认为君子动口不动手，单凭沟通就可以保护他不受严重伤害，但那些生理活动依旧会产生。这意味着，这个在人类物种中世袭的紧张机制已经严重阻碍了我们现在使用合理的防御手段。有机体克服这种“记忆不一致性”的努力反而进一步展现了这种记忆的印记。我们每个人都应该知道这种常常不得不努力控制自己的体验是多么地痛苦！如果我们无视理性，按照这种记忆印记行事，那我们会感受到无比惊人的强烈力量。事实上，这样做的人也知道，他动用这种自然力量时并非有真正的动机，他没有受到普通意义上的动机的引导，因此下一刻他很有可能就会感到懊悔不已。

在这些特殊的情况下，祖先印记的入侵在我们人生的早期有着较多影响，但会随着我们的阅历增长而减少。相似的例子还有很多，有些一目了然，有些则比较隐晦。我认为“同情”和“厌恶”就是比较明显的例子，我们会对某些无害动物产生无端的厌恶，以及在某个地方突然有家的感觉。我们所说的意识的连续性或同一性并不仅仅有这些例子，即便不列举这些例子，我们依然会坚持这个观点。

我的意识取决于我的躯体，尤其是中枢神经系统的构造和运作方式。但这些因果和基因关系都依赖于早期躯体的结构和工作方式，它们同样与意识上的精神生活有关。这些躯体同时又是另一个躯体的图纸、建造者和原材料。另一个躯体的一部分就是它的复制品。那在这个过程中，新意识究竟产生于何时？

但是我的大脑的特殊构造和形成的习惯，以及我的个人经历，是真正能被称为“我”的人格的一切，这些肯定不是由我的祖先所决定的！即使这里的祖先仅仅指我家族的祖辈们，也不正确。这使我们不得不非常仔细地重新考量我们本章开头所提到的那个片面的观点究竟是什么。我称之为更高层次的那个自我，在本质上确实是祖先带来的直接后果，但并不完全是指我们血缘上的祖先。为了不让下面的解释看起来是一个骗局，我有必要先澄清一点，那就是个体发育过程有两个因素：（a）个体基因的特殊排列；（b）对个体起作用的环境的特殊模式。我们要认识到这两个因素的性质是完全相同的，因为基因的特殊排列及其包含的所有发育的可能性，受到了早期环境的影响，并且在本质上是依赖于早期环境的。现在想想精神人格的出现是如何与环境的影响联系在一起的。所谓环境的影响，就是这个物种的其他成员，包括在世和去世的成员的精神人格的直接结果。这里需要永远记住，科学家必须将所有这些“精神”影响视为其他个体躯体对我们个体躯体（即大脑系统）的直接影响，因此原则上这些影响从那些由祖先继承而来的影响没有区别。

没有一个人是孤独的。在它的背后延伸着一条巨大的物质和精神链。自我作为反应的一环从属其中并承载着它。自我通过躯体，尤其是大脑系统，以及语言、礼节、生活方式等表达出来的教育和传统，与祖先所发生过的事件进行了并不紧密的联系。与自我联系最为紧密的是精神的直接联系，正如50岁的自我是40岁自我的延续一样。

值得注意的是，尽管西方哲学已经普遍接受了这样一个观点，即个人的死亡不会结束任何生命的本质。但它（除了柏拉图和叔本华）几乎没有比另一种更深刻和更有趣，用逻辑上几乎如影随形的观点进行思考，这种观点认为：个体的死亡也适用于个体的出生，在这种情况下，出生并不意味着我是第一次被创造出来，更像是在沉睡中慢慢醒来。然后我就可以看到自己的希望和奋斗，自己的恐惧和忧虑，就像那些在我之前生活的成千上万的人一样。我还可以憧憬未来几个世纪能够实现我几个世纪前的渴望。除了早已存在的思想在我这里延续之外，没有其他思想的种子能在我体内发芽，一切都是在古老而神圣的生命之树上，按已经计划好的如期生长。

我很清楚，尽管叔本华和《奥义书》中也持有这样的观点，但我的大多数读者会承认这里所说的是一个令人愉快和恰当的隐喻，他们不会轻易同意所有意识在本质上都是同一个的主张。即使仅仅声称“意识在一个家族中是相同的”这一论断，它也要面对一个数字事实：一般来说，双亲可以生下几个孩子，并在此后继续生活。此外，父母的所有特殊经历在儿童身上消失得似乎太彻底了，不足以证明任何延续性的主张。但对我来说，其中涉及的这个逻辑矛盾恰恰是一个积极的解围。因为在我看来，这正是同一性观点在事实上得到科学证明的地方。将这个矛盾摆在吠陀论题面前是没有效力的，或者至少说，用数量来论证这一观点是没有太大价值的。至于记忆的彻底消失

（在许多人的内心深处，这无疑是生理上的“拟长生不死”的想法中最可疑的部分），即使撇开任何形而上学的观点，我们也可以认为这是在对一块尚未成型的蜡进行无意义的雕琢。这就如同叔本华所说：即使它不想要形成，但事实上它正在形成。

关于非多元性的补充

如果你把一只淡水水螅切为两部分，即使你切得非常不对称，一部分得到所有的触角，另一部分一个触角也没有，这两个部分也都会各自长成一条完整的稍小水螅，而且这种一分二的方式可以重复进行。在这种等级的动物中，水螅绝非个例。理查德·塞蒙指出涡虫也具有类似的能力。他把这种在低等生物中存在的复制特殊性，看作在高等动物的记忆中的联想再现。塞蒙认为整个进化过程的重演现象（通常出现在高等动物和植物的胚胎到早期发育阶段）和背诵一首烂熟于心的诗没什么区别。这里不是隐喻，而是这两种现象都包含在更高的概念中，他用了“记忆印记”这个词来表示。这个想法的全部内容可以从塞蒙的作品《记忆印记》和《记忆印记研究》中了解，在这里我就不再赘述。塞蒙的这个观点虽然在同行专家中没有得到认可，但它得到了福勒尔[1]的极大推崇。作为一名精神病学家和昆虫学家，福勒尔是少数有能力对这个比拟的适用性作出判断的人之一。

在此我来介绍一下水螅切分实验的原因。各位读者请把自己想象成水螅，我们要承认，这个和我们同处于生命阶梯上的小生命也拥有着某种意识，不

1　福勒尔：奥古斯特－亨利·福勒尔，瑞士神经解剖学家、昆虫学家、精神病学家。

管这意识是多么模糊和混沌。这个意识在水螅被切开的两个部分中都存在，而且是原有意识未被切断的延续物。虽然我们无法在逻辑上证明这一点，但是很难想象会有其他的解释。把意识分为两截，或者把意识翻倍都是不可能的，就算找遍整个世界，我们也找不出在哪一个框架下意识的存在是多元的。意识的多元性是个体在时空多元性的条件中虚构的存在，是一种错误构建。正因为如此，所有的哲学都一次又一次地屈服于一个冲突：在理论上不可避免地接受贝克莱式的唯心主义，而这种唯心主义对理解现实世界完全无用。这场冲突的唯一解决办法，我们只能从《奥义书》中记载的古老智慧中寻得。

如果意识不是一个形而上学的单一物质，那就很难理解为什么多元性即使在个体意识的框架内也如此不明显。这是因为，把我们的躯体甚至我们的神经系统描述为一个单独的个体是非常有问题的。我们的躯体是一个由细胞和器官组成的城市，其中有一些具有相对独立性的成员，如血细胞、精子，以及脊髓神经节。纵观世界中其他的有机体，我们会发现，关于构成一个城市的各个部分的自我维持程度而言，每一种可以想象的中间形式都是连续的。我们发现高等动植物中的各个部分都是相互依存的，但区别在于：在动物体内，由于各个部分都已经高度专业化，将任何一个部分分离出来必然会导致这个部分的死亡，在一些情况下甚至导致整个躯体的死亡；而对于植物来说，在合适的条件下两个部分都可以分别继续活下去。我们发现动物的生存状态是由单个个体组成的，没有空间上的结合，比如蚂蚁、白蚁、蜜蜂和人类组成的“城市”和“国家”，它们具有相对高度的独立性。但是正如我们所说，在这之间有许多中间成员，如果仅仅用隐喻或类比的意义来理解“城市”或“国家”这个词，是一个严重的错误。如果一个人或一只蚂蚁真的脱离了“国家”（生物学意义上）而独自离开，那么将无法生存，这与高等动物的单个细胞或器官如果脱离了有机体的统一性就会死亡的原理是一样的。因为这个

“国家”的专业化程度已经太高了，分离出来的个体无法跟剩下的部分接触，也就等于它被剥夺了所需要的环境条件。如果能提供这些环境条件，即使是一个单独的器官也能继续存活，正如移植实验所显示的那样。

对于中间形式，我们既可以指像水螅和涡虫这样“可分裂”的有机体，也可以指以分裂生殖进行繁衍的许多低等生物。弗沃恩给出过一个特别有趣的例子：腔肠动物中有一种管水母，这类有机体由一系列分化程度相当高的器官所组成，有些器官是用来运动的，有些是用来进食的，有些是用来繁殖的，还有一些是为了保护身体的。这些器官具有一定程度的自我维持能力，可以从母体中脱离出来独自生存。

上述对有机王国的讨论告诉了我们什么是真正的躯体。躯体是一个细胞国家，它在非常有限的意义上是自成一体和不可分割的。如果我试图坚持目前的主流观点，即从一个人躯体上的相对统一得出其中自我的统一性，会发现面临着一堆难以逾越的问题，而且每一个问题都被打上了伪问题的印记。为什么在这个由自下而上组成的实体（细胞、器官、人体和国家）构成的等级体系中，仅仅其中的人体这个阶层被认为拥有自成一体的自我意识呢？为什么人体阶层之下的细胞和器官没有自我意识，人体阶层之上的国家也没有自我意识呢？如果不是这样，那么我的自我是如何由细胞和器官的众多自我构成的呢？类似地，我和同胞们的自我，是不是能合成一个在更高阶层拥有自我意识的个体呢，比如一个国家的自我意识或整个人类的自我意识？一些非常杰出的大脑早已想过这个问题，在此我仅举例费希纳。只要你继续认为自我的统一是基于身体的统一，那么这些问题就无法避免。一旦我们将那些直接体验到的、引出“自我”假说的统一性的根源转换为形而上学的统一性，即意识本质的独特性，那么这些问题就消失了。数量的范畴和整体与部分的范畴在此就不再适用了。我可以对整个情况做这样一种描述：个体成员的自我意识在数量上是彼此相同的，也与它们在更高层次上形成的自我数量相同。从某种意义上讲，每个成员都有理由说“L'État，c’est moi”（朕即国家）。

想要真正接纳这个观点，需要我们不断地提醒自己，它确实是建立在直接经验之上的，因为在事实上我们从来没有在任何地方碰到过多元的意识，但无意识是单一存在的例子却无处不在。这是一种也是唯一完全确定的知识，我们可以在没有任何形而上学假设的情况下获得这种知识。贝克莱式的唯心主义坚持它，因而它可以做到理论上的前后一致，不出现矛盾。想要超越这个观点，能做的只有观察大量的身体。这些身体在结构上与我自己的身体完全相似，它们与环境、彼此和我的身体有着同样的相互作用，就像我的身体与环境和它们的相互作用一样。此外，还要做一个与这种观察相联系的假设，当物理事件作用于我自己的身体时也会引起同样的感觉。当“有另外一个像你一样的人坐在那里，他也在一样思考和感受”的情况出现后，你有两个选择可以去理解。第一种是：“我也在那里，自我就在那里，那就是我自己（I am over there too，Self is over there，that is myself）”。第二种是：“那里有一个自我，与我类似，是另一个自我（There is a self over there，like yours，a second one）”。第二种中前一个“a”使得两者的说法有所不同，这个不定冠词使得“自我”降格成了一个一般意义上的名词。就是这个“a”使得唯心主义的裂痕无法弥补，让世界充满鬼魂，把我们无助地推向万物有灵论的怀抱。

我的朋友 A 告诉我他此时此刻的感受、感知或思考的任何事情都不是我意识的直接内容。但我也无法直接意识到自己在一小时前或一年前的感受、感知或思考。我只能或多或少地找到它们的痕迹，这在本质上和与 A 交流时在我身上引起的情感几乎没有什么不同。同样地，当注意力有规律地在两个完全不同的领域之间交替时，在同一个脑袋中可以存在两条完全没有联系的意识长链。如果建立了联系（这通常会带来重要的新见解），那么接下来发生的事情与两个不同个体之间的思想交流非常相似。反过来说，两个人之间密切的思想合作，可以在一种令人难以置信的程度上使他们的意识领域融合在一个经验的统一体中。

想要驳斥个人意识的同一性，可以利用下面这个粗略的思维实验。我设计了 20 道不同的算术题，其中每一道题都需要一个聪明的小学生花费一个小时才能解开。然后我把 20 个聪明的学生安排在一间教室里，让他们在某一天的 10 点到 11 点之间各做一道我出的算术题。10 点时，他们谁也不知道自己要做的算术题是什么。到了 11 点，他们都完成了自己的题目。这表明单个的意识不可能做到这一点，这就证明了意识的数量多元性。

我们必须指出，这 20 种意识行为当然不能简单地加在一起，也不能概括为一种“20 倍的力量”，它们不能被“串联起来”。假设所有的学生能力都完全相同，那么把他们聚集在一起，也不会比他们中单独的任何一个有更强的解题能力（他们一群人也无法解开超越单个个体能力的难题），除非他们在讨论、协商和探索的过程中，能力有了新的发展，这也意味着所有人的能力都相应地得到了提高。反过来说，这也意味着所有的学生都有能力独自解决所有的 20 道题目，只不过需要花费较长的时间。

因此，我们不能说 20 个小年轻或者 1000 个小年轻在和他们的女朋友睡了一觉后，他们的快乐是 1 个小年轻快乐的 20 倍或 1000 倍。同样，在战争中有 20 个或 1000 个母亲遭受了丧子之痛，我们不能说这是 1 位母亲丧子之痛的 20 倍或 1000 倍。这里的单个意识完全有可能得到强化，比如其中 1 位母亲得知自己的两个儿子都在战场上阵亡时所感受到的痛苦。

最后，如果我们回顾一下之前所概述的马赫、阿芬那留斯和舒佩的观点，会意识到他们的说法都非常接近《奥义书》中的正统教条。外部世界和意识是同一事物，因为它们是由相同的原始元素构成的。无论是说只存在一个外部世界还是说只存在一个意识，其实说的几乎就是同一件事，都可以表达这些元素本质上在所有个体中都是共有的。

意识、有机、无机、记忆印记

无论我们采取何种哲学立场，有一个经验事实不可否认，一种更高层次的精神生活需要与之匹配的高度发达的大脑。用我们的感觉和感知构建的世界，我们总是轻松地认为它的显现很简单，但事实上并不是只要存在就可以显现出来。想要显现出来，需要它自身非常特殊的部分发生非常特殊的事件，即大脑的工作。这是一种非同寻常的状态，我们不禁要问，大脑中究竟发生了什么特别的事情，使得世界通过它就可以显现出来。是不是可以指出是某一些物质具有这项功能，另外一些物质则没有。或者更简单地说，哪些物质与意识直接相关？

对于具有理性科学观的当代思想家来说，这个问题有一个明显的答案：根据我们自己的经验和高等动物提供的类比来判断，意识只与有机生命物质中的特定神经功能有关。至于意识是从哪一个等级的动物开始出现，以及意识在最初阶段是如何构成的，在这些问题上最好还是不要深究了。我们可以把它留给爱做白日梦的人去思考，有些人认为无机物，甚至是所有的事件，都可能与某种意识相联系，那更是纯粹的幻想。每个人都可以根据自己的想象力天马行空，但这些假设不可能对知识产生任何贡献。

这种观点是无可否认的，但我不认为那些满足于它的人，总是完全清楚地认识到它在我们的世界图景中留下的巨大空白，否则他们不会如此高兴地满足于它。虽然有机的、有生命的存在也许比无机的更普遍（稍后我们将更详细地讨论），但是神经组织和大脑的出现在有机领域中仍是一个非常特殊的现象，它的意义和重要性对我们来说已经相当清楚。我们可以描述大脑在时空活动中所扮演的角色，而完全不必考虑大脑与感觉的特殊联系方式。也就是说，它无疑是在生存斗争中产生的一种非常特殊的适应机制，这种生存斗争可能是通过自然选择，也可能是通过其他方式。它的作用是让拥有者不断地以一种利己的方式，对多变的环境做出反应，从而对整个物种的生存有利。它无疑是所有机制中最复杂和最精巧的，在它出现的地方，通常具有突出的重要性，在整个躯体上占据支配地位。但这并不是此类机制中的唯一一种，而且有许多有机体不具备这种机制。

另一方面，我们说这个世界是通过意识活动而显现的。这个世界由意识的元素组成，而就是在这个世界里，我们发现大脑以一种高度专业化的形象出现了，这可能是一种从未出现过，而且无论如何都不可能自成一体的东西。现在我们被要求相信，必须要在高等哺乳动物进化过程中有这种特殊变化，世界才能够在意识之光中出现。如果它没有出现，这个世界将是一场没有观众的戏剧，不会出现在任何人眼中，从而从未真正出现过！如果这真的是我们在这个问题上所能达到的终极智慧，那么在我看来，这似乎是我们对世界图景的彻底破产。我们至少应该承认这一点，而不要表现得好像这对我们来说无关紧要，或者用我们的理性智慧去嘲笑那些试图寻找出路但陷入绝望的人。

在斯宾诺莎或费希纳的思想中，有一种更为宏大的东西，更符合人们对这一切的清晰认识。对斯宾诺莎来说，人体是“无限的实体（上帝）的分身，以广延属性表达”，人的心灵是同样的分身，但表现在思维的属性上。在他看来，每一个物质事物都是上帝以这种方式改造的，都同时体现了这两种属性。这就意味着：每一个物质活动都对应着一个物质事物，就像我们的意识对应于我们的身体一样。费希纳的思维更为活跃，他认为不仅是植物，甚至地球和恒星都有灵魂。我不同意这些幻想，但我认为无论是费希纳的观点还是现代理性主义者的观点，我们都无须下断言。

在下一章中，我将提出一些看法，或许有助于在这一问题上向前迈出一小步。首先，我想在这里介绍一下我之前向你们保证过的关于有机和无机之间关系的讨论。

首先让我们从一个纯粹的事实陈述开始：无机物质这一定义是物理和化学中的一个抽象概念，这一概念所指的物质其实我们在生活中很少碰到的。请大家思考一下我们的地球环境，就地壳而言，它几乎完全由动植物或尸体所组成。因此，人们很可能会对这样一种观点的准确性产生怀疑，即一切都是从无机物开始的，而有机物只是无机物的一种特殊形式，以至于把整个事情本末倒置了。我们知道什么是有机体，知道它们的生存条件是什么，但宇宙中大多数物体的情况恰恰相反。我们确实了解我们的有机体世界，我们知道它的组织是由相对较少的元素以一种非常特殊的方式组成的。但是，用这个环境中非常特殊和相对恒定的条件来解释这个事实，并假设其他环境条件会产生某种其他形式的有机存在，难道不会更自然一些吗？

接下来需要解释的问题是："有机"到底是什么意思？在这里我们是指这个词背后更广泛的含义，因此我们需要排除诸如"蛋白质"或"原生质"这样简单的答案。把我们的注意力集中在一个更宽泛的概念上，就需要讨论新陈代谢的标准。叔本华所提出的界定标准可能被认为是最合适的，他说在无机物中，本质和永久的元素是同一性和完整性的基础，是物质和质料，那些非本质和可变的元素是形式。在有机物中，情况正好相反。它作为有机的生命存在，恰恰在于物质的不断变化，而形态却持续保持一致。

一个事物中什么是本质什么是非本质，这完全取决于观察者的标准。这将把“有机”和“无机”变成我们所认识或关注的那些特征，而不是物体本身的特征。假如我们沿着一个原子的轨迹，它的路径是否穿过了一个有生命的有机体对它来说没有什么区别。我们处理的是物理的相互作用，因为我们确信物理学足以回答所有可能出现的问题。另一方面，奇怪的是，至少乍一看，我们有权将一种介质中状态变化的传播，例如火山喷发、河水流动、冰川形成和火焰燃烧，都看作最粗糙的有机物。尽管这不符合常理，但在我看来，有机物和无机物之间的根本矛盾不在于物体的构成，而在于观察者的态度。它消除了我们反复出现的怀疑，即“如此完全不同”的有机生物是否可以“逐渐”从无机物中演化而来。事实上，虽然物体有完美的连续性，但这种转变并不是渐进的，因为即使物体的结构对它施加越来越大的压力，精神的出现也只能突然发生。我可以把我的观察重点放在形式变化下的不变物质上，或者形式不变下的物质变化中，但两者不能同时兼顾。同样地，我可以用拉格朗日形式或欧拉形式来表达流体力学方程组。这两者的内容完全相同，但却无法从其中一种演变出另一种，只能通过改变变量这一单一而不连续的步骤达成。

这种认识不会阻碍我们，相反，它会促使我们去寻找有机组织发生特化的机制。塞蒙称之为记忆印记的奇特物质，在某一个特定的反应中通过一次或多次某种刺激而启动后，就如同受到“训练”。在以后类似的事件中，只要原始刺激的一部分出现，就能达到同样的效果。我们对于这个过程的机理仍然未知，而且目前还没有任何模型可以解释这个过程。当然，迄今为止还没有人认真考虑过为记忆印记建立一个模式，尽管这对我们增进相关的知识非常重要。

论意识的形成

现在我们回到上一部分开头提出的问题：哪些物质与意识直接相关？本部分我们将从内心经验这一更为可靠的基础开始谈起。之前我们已经说明，认为这种联系是大脑功能的一种特权是不太可能的，但我们又不得不承认，把这种联系扩展到其他事件的尝试却不幸地陷入了含混不清的境地。我们现在提议做一个相反的观察，但同样能够粉碎这个想法。其运行方式如下：

并非所有的大脑过程都伴随着意识活动。有一些神经活动，虽然在整体模式和作为反应调节器的生物学意义上与大脑的“意识”过程非常相似，但却与意识无关。它们不仅包括脊髓神经节及其神经系统控制部分的调节反射过程，还包括大量涉及大脑本身但不进入意识的反射事件。

我们的躯体内有各种非常类似的神经过程，其中一些伴随着意识互动，有些则没有。它们都包括每个层次的中间形式，这对我们的分析是非常有价值的。因此，通过一个观察和思考的过程，找出每种神经过程所独有的特征应该不会太困难！

在我看来，这里有一个众所周知但又非常关键的事实：任何一系列我们有意识甚至积极参与的事件，如果以同样的方式一次又一次地重复，就会逐渐从意识范围中消失。只有在某一次重复时，这个事件的现象或者维持这个事件的条件发生了变化，这个过程才会重新被拽入意识中来，并且产生较为不同的反应。即便如此，进入我们意识的过程也不是一个整体，而是那些使新现象与早先现象有所不同的变化部分。

任何人都很容易从自己的经历中举出数百个这样的例子，所以我在这里就不再举例了。如果我给出一个例子，说不定就要再举一千个例子，以免把我的意思放置在太特别的角度中。

为了理解这种逐渐消失的意识在我们精神生活中的重要性，我们需要认识到那些重复进行的训练所起的巨大作用。从生物学的角度来说，单次的经验是微不足道的，只有在频繁重复的情况下有效的运作才有生物学价值。事实上，我们的环境就是这样构成的，相同或非常相似的情况会不断重复，通常还是周期性的。有机体想要维持自身，就需要不断地做出类似的反应。当然，我们没有能力对这种现象追根溯源，因为每一个有机体都已经被它的环境以千百万种方式影响过。

现在让我们思考一个有机体面对一个新的环境，它会以某种方式做出反应并通过这样做来维持自身的存在或者至少避免死亡。如果重复进行刺激，就会产生同样的系列反应，我们认为这是进入意识的第一步。重复会给意识带来一些新的东西，是一种“已经具备了”的元素。但是随着重复次数增加，有机体的表现会变得越来越好，这是我们每个人都曾体验过的。环境变得越来越不“有趣”，有机体的反应变得越来越可靠，但也相应地越来越缺乏意识。假设现在外部环境发生了变化，或者更确切地说是外部环境引起了不同的反应，被我们所意识到了。不过这种变化只能是新的变化，它会渐渐深入意识的深处，然后沉到意识之下。这种变化并不是说环境和反应必须每次都是同一种变化，事实上常见的情况是外部的环境现在这么变，下次又那么变，我们的反应也各不相同，因此分化也就随之出现了。对某一种特定的变化，经过足够多的重复之后，可以确定在何种情境下该如何反应已经成了一个相当无意识的过程。于是，在第一层的基础上又可以叠加第二层的改变，第二层上又可以叠加第三层，以此类推。因此，只有那些还在“训练中”的变化才能被意识到。我们可以说意识就像一位老师，监督着整个教育过程。每当出现新的问题时，他才会应学生之邀出现，至于那些已经练习得足够多的题目，就放手让学生自己去做。

我们传统的万物有灵论肯定会灌输这样一种观念：当遇到一个新的情况时，一个“意识的自我”的小精灵就会被召唤出来，它会评估当前的情况，并作出决定采取行动。这种想法是一种糟糕的误解，一种幼稚的倒退。我们所主张的是这样一个事实：新的情境以及由此产生的新反应都伴随着意识，而那些早已习得的情境无须调动意识。

正如我之前所说，所有这一切在意识领域中已经被无数的例子所证实。我们每一个人在日常生活中都要掌握数以百计的小操作，其中有些甚至相当困难。当我们的意识对此感到最强烈的时候，我们会为第一次的成功而欢欣鼓舞。现在我们作为一个成年人，不再会为系鞋带、打开电灯、晚上脱衣服等操作打断自己的思路。这里我们可以讲某位著名学者的故事：某晚妻子告诉他一会儿有客人要来，于是他打算去卧室换上干净的领带。进了卧室之后，他摘下领带，然后关上灯上床睡觉了。这个故事并不是什么天方夜谭，一个人陷入深思并对自己的行为没有任何意识的时候就会发生这样的事情。我们也可以换一个例子：假设多年来我们每天都去的办公室搬到了别处，现在去上班时我们必须在某个特定的路口离开熟悉的道路。那么我们需要犯很多次错误，花很长的时间才能够适应新的路线。在这个过程中，我们是否清楚地意识到了这种与之前机械地按照旧路线行走之间的“情境变化”？

这个特征在我们个体发育的精神生活中已经被了解得非常清楚，我认为将这一点应用于系统发育已经十分恰当。如此一来，我们立刻就可以解释神经系统无意识的、反射性的功能特征。这些功能与身体内部的调节有很大的关系，例如肠的蠕动和心脏的跳动。显然，此类反应在很长一段时间内都没有受到变化的影响，它们已经被习得，并从意识领域中退出。呼吸互动则是一种中间状态，虽然我们通常都在毫无意识地呼吸，但在特殊情况下，例如在烟雾弥漫的空气中，它会受到情境变化的影响，有意识地根据情境做出不同的反应。因此，根据这种观点，神经的功能可以说是固定下来的大脑功能。

我们知道，在深度睡眠的情况下，大脑中除了神经以外不会给我们提供其他任何感觉。睡眠显然是大脑中某些部分休养生息的时间，一旦这些部分收到感觉通路传来的信息，就意味着它们需要牺牲休息，开始工作。这个需要暂时关闭感觉的恢复过程为什么没有与我们的意识联系起来，这是一个不容易回答的问题。仿佛这已经是一个长期以来就已经被习得的内在过程，不会再发生其他变化。

目前所说的一切都只涉及大脑或神经的过程。但我认为，我们现在可以自信地向前迈进一步，而不会遇到任何矛盾。我知道，这一步一开始会引起极大的不信任，但这是至关重要的一步，只有这样我们才能在描述意识的形成条件上得到一个令人比较满意的结论，至少是一个初步的结论。

包括大脑和躯体的个体发育是一种已经发生了数千万次的事件的重演，已经被很好地编入了记忆印记。因此我们可以假设，我们迄今为止所强调的神经系统中各种活动所具有的特点，一般有机体活动也都具备。只要是新的事件，就会与意识发生联系。因此，我们的个体发育过程是无意识的，它始于子宫中的胚胎，一直延续到出生后的几年，这一时期婴儿的活动主要就是睡眠。然后，孩子会在外部环境中经历一个发育过程。

在任何一个个体发育过程中，只有个体的独特经验才会被意识到。有机体所拥有的器官可以对环境中特殊的、不断变化的事件不断适应。它会受到环境的影响、训练和改变（这种改变在经历了几代人后会成为该物种的记忆印记），因此这个过程是伴随着意识的。我们高等脊椎动物在大脑中有这样一个器官，而且基本上只存在于大脑中。因此，出于这个原因，我们的意识与大脑中的事件有关，因为在我们身上，大脑就是我们适应不断变化的环境的器官。它是我们身体的一部分，我们在其中参与物种的进一步进化。借用一个形象的比喻来说，它就是我们生命之树上生长出来的嫩芽。

我们论证的规律可以总结如下：意识与有机体的学习活动相关联，有机体已经习得的能力是无意识的。更简单的一个说法是：形成中的就是有意识的，已经形成的就是无意识的。

道德法则

坦率地说，如果不是因为我注意到现在正在论证的这个假说，可能使得我们在一个重要的领域增进一些新的认识，并且反过来又能为假说本身提供一些支持，我是不会如此果断地认同它的。虽然这个领域和生理学之间关系并不紧密，但是与我们人类息息相关，因为这开启了对伦理学进行科学解释的可能性。

古往今来，在所有民族中，自我克制都是一切美德的基础。这一点我们可以用一个事实来说明：道德教育似乎总是以一种要求的面目示众，不断地告诫别人“你应该”如何如何。无论是在道德上高尚、正能量的行为还是出于各种理由为之喝彩、给予尊敬和敬佩的行为，它们总是有一个共同点：对原始欲望的某种压制。

“我想要”和“你应该”这一对与我们整个人生交织在一起的奇怪矛盾是从何而来的？这种总是要求每个人否定自己、压抑自己的原始欲望，简而言之，就是要求自己不能做真正属于自己的行为是非常荒谬和不自然的。事实上，近年来（在公共教学以及对个人高尚生活要求的态度上）对所有道德准则发起最有力和最具破坏性的攻击正是以此为出发点。

“我就是现在这个样子，这是我的个性！这是大自然在我身上播下的天性，我要自由发展！自我控制和自我否定都是无稽之谈，是纯粹的骗局！上帝就是自然，自然必定让我成为它认为合适的人！任何其他的‘应该’都是胡扯！”

类似这样的话语在如今比比皆是，并且事实上也有不少人把这些话奉为自己的人生准则。我们不得不承认这些话看起来非常有道理，这一原则建立在十分自然的天性概念之上，简单、直接、粗暴得让人无法反驳。相比之下，康德的那些令人费解的道德准则就显得非常无趣。

然而，这些观点背后的科学基础却并不坚固。我们现在对有机体发展的洞察使我们能够很好地理解，我们的一生无论如何都必须与原始的自我进行不断的斗争。稍后我们会再谈这些“应该”。

我们称之为自然的自我和植入本能的原始欲望，在意识中与我们祖先从身体上赋予的遗传有关，使我们一直进化成拥有这些特征的个体。如今我们走在时代的前列，但依旧在进化。在我们生命中的每一天，身上都会发生一些有关物种进化的事情，而这种进化会伴随我们的整个人生。事实上，每一个个体的生命，甚至是个体生命中的每一天，都代表着这一进化的一部分，即使它非常微小，但都是我们人类永远不会完成的雕像中的一次斧凿。整体来看，人类从古至今的进化过程都是由无数这样微不足道的斧凿所组成。因此，在每一步，我们都必须改变、克服、摧毁我们迄今为止的形式。我们的每一步都包含着对原始欲望的抵制，我们既是刻刀又是石坯，既在克服又在被克服，这便是一个真正的持续的自我克服。

除非我们把它们与前一章中发展的意识与有机体之间联系的观点结合起来，不然这些思考只意味着诗意地玩弄辞藻，或许会对某些人有吸引力，但也会有人对其排斥。乍一看，我们很难觉得意识能够反映物种的进化。人们很可能会认为进化仅仅是一个副产品，因为进化是极其缓慢的，它与个体生命的短暂寿命几乎无关，在任何情况下都不会以特别生动的方式和意识联系起来。

但是我们论证的正是这种可能性，也就是说意识只属于那些目前还没有完全固定下来的有机体的活动。人类躯体中的意识只属于大脑中的活动，因为大脑（或它的一部分）是人类意识发生的器官，可以说是进化的先锋。意识之所以属于那些活动，是因为它们仍然可以通过改变环境条件而改变，正是这些改变才能进入意识，并且在很久远之后被完全习得，成为物种无意识的特征。

意识是进化过程中的一种现象。它只有在这个世界产生新形式的发展中才会显现自身。意识的光亮不会照亮静止的活动，因为那些活动已经固化，进而不再被感知，除非它与进化节点产生交互而间接被感知。

但从人们所说的情况来看，意识和自我冲突是密不可分的。这个结论听起来有些自相矛盾，但我们可以通过引用各国古往今来最有智慧的人的话语来证实，因为这是他们共同认同的观点。这些智者在他们短暂的人生中对人类的形态进行了最有力的刻画。因此，如果我们的主张是正确的，那么这些智者可以说是拥有人类进化中最重要的功绩。

作为一个典型，我们可以重新回顾一下本书一开始提到过的那个例子，当一个有教养的人遭遇侮辱时内心的斗争和具体的行为。从中我们可以特别清楚地看到自我克制意味着克服从祖先那里遗传得来的特征。在这个过程中，我们内心会激烈波动，变得亢奋。如果一个人的性情中没有这种激烈波动的特征，那么在这种场合中他不会感到亢奋。若是一个人完全遵从从祖先那里遗传得来的特征，上去对侮辱者拳脚相加，他同样也不会感受这种基于自我冲突的亢奋。

不过这个例子之所以典型，还在于另一个方面：它显示了在进化过程中，一个特定的美德如何转化为需要消除的恶习。对于尚未生活在政治共同体中的原始人来说，为自己、妻子和孩子们提供保护而不断地准备战斗就是一种壮丽的美德。我们仍然能在荷马史诗中发现这种美德。人类社会不久前才消除的决斗习俗也是这种原始的价值判断。如今，这种美德已经被称为暴行，在现在的价值观中是一种陋习。

尽管在以上的论述中可以看到，我们的整个意识生活实际上是一场与我们早期自我的进化斗争，我们与之处于长期冲突之中，但我们仍然缺乏对“你应该”的伦理价值判断和道德要求的基础。当然，我们并不是在提倡朝着更高目标进化在某种程度上是追求美德。但是，正如康德所强调的那样，美德的要求是一个事实，我们必须理解这个事实。

在我看来，生物学可以给出这个问题的答案。上面的例子表明了一个原本对物种有益的特殊特征，在进化过程中可能会转而对物种造成伤害。同样地，在独居动物中发展出来的以利己主义为中心的态度是一种有益于物种的美德，但是把这种美德放在群居动物中就会对物种造成伤害。因此，那些有着悠久的群居历史的动物，如蚂蚁和蜜蜂，早已抛弃了所有的利己主义。显然，人类在这方面的历史要短暂得多，对我们来说，这种转变甚至正在进行之中。作为自然规律的要求，这种转变是注定要发生的，一种动物若不放弃利己主义，将无法在群体中生存。因此，只有那些实现这种转变的物种才能继续存在。当然，这并不意味着我们应当做出这种转变，因为我们并不是一定要变成真正的群居动物。但是在另一方面，对于当今每一个人来说，无私是无可置疑的价值理论标准，无论他自己的行为离这个标准有多遥远。在这一事实中，我们可以知道人类正处于从利己主义到利他主义的生物学转变的开始阶段，当然这一迹象在人类的实际行为中还很难被察觉。

因此，在我看来，这就是伦理价值判断在生物学中的作用：它是人类向社会性动物转变的第一步。

我需要再重申一次：我在这里并不是要揭示道德行为的动机，从而展示一个新的“道德基础”。我们知道叔本华已经做了这项工作，并且我们至今还没有任何必要在此之上作新的补充。

第二章

何为真实？

放弃思想与存在或心灵与物质二元论的原因

可能是由于语言和教育的历史原因，今天的人总是自然而然地认为心灵与物质之间的二元关系是一个非常明显的概念。大家总是觉得我们首先通过意志移动我们身体的一部分，然后通过它们移动其他物质性的东西。物质与我们的身体接触时通过神经产生触觉，空气中的振动到达耳朵时产生听觉，光进入眼睛后引起视觉（类似的描述也适用于嗅觉、味觉和对温度的感觉）。如果我们仔细考虑这个问题，便不会那么轻易地承认两个不同领域的活动之间会产生这样的互动。因为第一个领域（心灵对物质产生的影响）势必会破坏物质活动的自主性，而第二个领域（物质对心灵产生的影响）是我们无法理解的范畴。虽然有很多书籍都信誓旦旦地做了描写，但其实我们无法知道物质活动是如何转变为感觉和思想的。

想要解决这个问题，唯一的方法是摒弃二元论。这一点其实早就已经被人所提及，不过这种做法往往基于唯物主义。最早这么做的大概就是德谟克里特，他提出的朴素观点认为灵魂也是由原子构成的，但是一种不同寻常的球形原子。这种原子非常轻巧、光滑，能够高速运动（这个观点并不是没有赞同者，比如晚至 1900 年才在盖仑著作中发现的著名残篇《狄尔斯 125》就对此有所体现）。随后，伊壁鸠鲁和卢克雷修斯进一步增补了这一观点，提出了“原子契合”理论，可以用于解释人类和动物的自由意志。

海克尔和他的学派提出的一元论是另一种尝试，但这一理论让他们对科学的贡献蒙上了阴影。斯宾诺莎将心灵和物质合二为一，称之为上帝的实体，并提出它具有广延和思想两种属性，且明确排除了相互作用。

然而在我们看来，尽管我们敬重这位特别可爱、完全诚实和无私的思想家，他所提出的解决方案却有点流于形式。伯特兰·罗素在《心的分析》一书中提出，精神状态与身体一样，是由同一种元素构成的，只是以不同的方式组合在一起。他在这里提供的解释与莱布尼茨的观点密切相关。在我的印象中，罗素在不久后就放弃了这个观点，认为外部世界是真实存在的。尽管在日常思维中，放弃这个概念似乎并非易事，但却是绝对必要的。罗素这么做，很可能是为了避免面对不同的个体经历却能有很多的重叠这一问题。

如果我们决定认为只有一个领域，那么这个领域必定是心灵领域，因为无论如何它都存在。假设两个领域之间存在相互作用，那势必要涉及某种神奇的、幽灵般的东西。但是，这样的假设本身就使得它们成为一个融合的领域。

在上面引述的《心的分析》一书中有一个重要贡献，它认为物质和精神由相同的元素组成，只是有着不同的组合，这种元素本身既不是物质的也不是精神的。令人惊讶的是，这位伟大的思想家在 1948 年出版的《人类的知识——其范围与限度》中，却像另外一些思想家一样开始质疑外部世界是否存在。罗素用他那标志性的“爱尔兰式嘲讽”进行论述，在他看来，这种立场虽然确实不能被驳倒，但也不能真正被采纳（令我吃惊的是，这两种说法相互矛盾，甚至不可能设想它们可能同时是真的）。此外，唯我论和莱布尼茨的单子学说并不是唯一被他嘲讽的观点，它们只是被当作了典型。之所以拿它们举例，或许是因为一元论是唯心主义中最薄弱的形式，可以被当作典型来衬托无可抗拒的说服力。

在我看来，将整个现实还原为精神体验，比单纯地否认一个我们在现实世界中缺少它就寸步难行的概念（真实的外部世界的想法）有意义得多。这个概念本身就是一种心理建构物，因而会一直受到质疑。在这里我们要反对一种主张，即存在着一种外在于或伴随着该概念的客体，它既是概念的对象，又是产生概念的原因。在我看来这完全是多余的重复，违反了奥卡姆剃刀原则[1]。此外，我们不知道在这种情况下“存在”是什么意思。这个客体的存在源自简单的数据，只是以一种比较复杂的方式构建而已。最后，在这个“存在”的东西和由简单数据构成的理想世界之间的任何有效的因果关系，都将是一个全新的关系，需要被解释。它跟理想世界中的因果关系没有任何联系。不但贝克莱和休谟认为这种全新的关系是难以观察和掌握的，而且休谟哲学的后继者们，包括康德在内，都认为它更不容易被直接观察到，而且问题众多。

上面所说的是第一点，与下面要说的第二点同样重要。我们讨论的关于外部世界的概念，很难被我们否认，毕竟我们能感受到自己实实在在的身体，尽管在描述它时我习惯性地加上了“外部”这个词。从这一点我们可以顺便看出，认为一个人的思想和观念仅仅在头脑之中似乎是不妥当的，因为这样就可以假定整个外部世界都包含在它自己的一部分中，一切的存在只不过是一颗脑袋。那么现在我们来考虑一个非常普遍的情况，为了生动起见，我举

1　奥卡姆剃刀原则：意在强调简单有效，具体原则内容为“如无必要，勿增实体”，于14世纪由英格兰逻辑学家奥卡姆的威廉提出。

一个例子。我坐在公园里的长凳上，全神贯注地思考。突然有人走到我面前，抓住我左侧大腿，并在我膝盖上方用力捏了一下。这一下虽然不太痛，但也很不舒服。我抬起头，心想是不是某个朋友来开我的玩笑，但恰恰相反，我看到了一个面目可憎的肮脏少年。我立即改变了想法，是不是应该扇他一个耳光，但我抑制住了这一想法，只是一把揪住少年的衣领，把他带到一个正好出现在小道尽头的警察跟前。

大多数人都认为，上述的整个过程可以在我们对外部世界的观念中用因果来解释，如果这个观念足够完整，就不必参考我在整个场景中的感觉和思想。我们不认为外部世界中的那个青少年，会在我的心灵中引发一种通过神经传导而产生的被“捏一把”的感觉。然后这个心灵在从外部世界接收到进一步的信息并进行短暂的考虑之后，给它的手臂一个命令，抓住青少年的衣领，并将他扭送到了警察那里。你可能也会认为段落开始时的那个因果解释是一种偏见，因为它完全建立在我们对外部世界的概念之上。但即使你不认同，也必须承认它是一种启发式假设。许多人认为这样的假设非常简洁，而且根据奥卡姆剃刀原则来说又是一种必然的解释，因为没有人知道心灵与身体之间在感觉或者运动方面有过任何互动。

但这里有一种危险，那就是把一系列的精神体验简化为仅仅伴随着物理事件所发生的附庸，无论是否有精神体验，物理事件也会同样发生，因为不需要任何精神的督导。简而言之，这种危险在于把对我们来说重要且有趣的事情都简化成多余的次要问题，而这些问题可能根本不存在，我们也不明白它们在那儿的意义。我要说的是，如果我们忘记了所说的因果关系是位于我们对外部世界的观念中的，坚持把它定位在一个不依赖于精神经验而独立“存在”的外部世界中，那么这种危险就会出现。在我看来，这让我们得出了一个有点矛盾的结论：如果我们不想信口胡说，想要以一种自然的方式来思考一个活着的、感觉的、思考的存在中发生的事情（也就是说，用我们看待无生命物体中发生的事情的方式来看待生命体），并且不借助任何鬼神之说，不违背熵增原理等，那么这样做的条件就是，认为一切事物都是在我们对世界的经验中发生的，而不将任何物质基础作为经验的客体。在下面的讨论中我们会看到，如果设定这种物质基础，那就是多此一举。

语言信息与我们对世界的共同掌握

我通过感觉来了解外部世界。只有通过它们，这些知识才会进入我的身体。它们正是我构建知识的那些材料的来源。其他人莫不如此。虽然每个人的视角有所不同，但由此产生的世界是大同小异的，因此我们使用“世界”一词通常只会用单数形式。但由于每个人的感官世界仅仅从属于自己，其他任何人无法直接接触，所以这种对各自产生的世界的一致性就有些奇怪，尤其奇怪的是它是如何建立起来的。许多人会忽略或掩饰它的奇异性，用一个真实的物质世界来解释这种一致性，因此它会产生我们的感觉，并在每个人身上产生大致相同的印象。

但这根本算不上是一种解释，只不过是换了一种说法，再一次描述了一遍问题，这反而为我们的意识徒添了负担。如果我们要对比两个被观察到的B和B′世界之间的一致性，那么就需要将这两个被观察到的世界与真实世界R进行对比，也就是拿B与R的相符程度跟B′与R的相符程度进行比较。这样思考的人会忘记一个事实，那就是R从来没有被观察到过。由于没有人能感知到两个世界，一个是观察到的，一个是“真实的”，因此没有人能够去对比它们在结构中的相似程度。那么，R虽然没有被观察到过，我们可以合理地假设它吗？我在前一部分内容中已经说明了这种假设将会付出高昂的代价，即使我们承认 R 的存在，它也不能与任何事物联系起来。所以，如果愿意，你可以说有两个经验世界是一致的（你的和我的），因为它们是用同一个模具，并用相似的材料，以相似的方式塑造出来的（顺便说一句，这是一个非常奇特的超限归纳结论）。但对经验主义者来说，问题的核心是：我们两人是如何认识到这种一致性的呢？因此，这种解释也陷入了无用的境地。但是，这种对一致性的认识确实存在，我们希望知道它来自何处。因此，我们可以问一个更合理的问题：两个个人世界显然是而且也将一直是个人的，我们如何才能知道它们大体上是一致的呢？直接比较是死路一条，但如果我们放任那些不严谨的解释，那就必然会被复杂的情况深深困扰。

在这一点上，有些人可能想要反驳，认为这么做实在是愚蠢。他们认为就外部世界而言，意识的任何一个领域的内容和其他领域的内容之间，甚至是在很小的细节上都有着非常严格的对应关系。那么，这种对应关系又是谁建立起来的呢？

建立这种对应关系的是语言，以及所有的“表达方式”，比如一个手势、用手指指向某物、一把抓住别人等，不过这些都没有突破意识领域之间的绝对分隔。路德维希·维特根斯坦说：“语言，乃至日常语言的突出重要性是显而易见的。”那么现在也许我应该来讲一下下面这个陈词滥调：我们对他人人格的认识，是建立在类推的结论之上的。这个说法只对了一半，比如一个婴儿的整个世界就是母亲的微笑，当母亲在他的脸上轻轻拍了一下时，他所做的肯定不是类推的结果。不过对于一个成年人来说，他心目中的世界只有很小一部分是来自自己的感官经验，绝大部分则来自他人的经验，通过与他人的交流而化为己用（这种交流仅有很少部分来自直接的人与人的交流，更多的是人与各种文字载体所保留的信息之间的交流）。

知识理论中最难的任务就是从零开始构思如何建立相互理解的路径，并且丝毫不破坏我们所提到的意识的个人性和分离性。一旦理解了这一点，就有可能构建出一种真实语言的起源及其发展到一个完美水平的路径，比如希腊语的发展。我们在认识上取得的进展中，最重要的是“意识向他人人格的投射”。语言在最开始一定不是用于传递知识的，而在于或多或少地以暴力的方式表达欲望：惊叹、恳求、命令、警告、威胁等。

我想更仔细地阐述一下为什么我认为仅仅通过类推（即通过形状和行为的相似性）的方式来猜测或得出其他人格是不正确的。孩子不仅从母亲和身边的人身上看到了人格，而且在动物身上也看到了人格，因为动物往往与他有着亲密的友谊。他甚至在所处环境中的事物里也看到了人格，比如当他撞到桌子而受伤时，他会拍打桌子，我们也会为花瓶里的花朵凋谢而感到悲伤。在这里，形状或行为的相似性似乎无关紧要，这个观点或许反过来看更为合适：人类把自己的整个环境看作有生命的、有意识的活物。正如我们从史前时期和历史中学习到，人类将真正无感觉之物从活物中分辨出来的过程是渐进的。不仅是原始人会把灵魂赋予雷雨和木偶，在受过良好教育的古希腊人的想象中，大自然中也栖息着各种生灵：

> 这些高山上住满了女神，
> 每一棵树中都有森林的精灵，
> 水泽中的女神，
> 在溪流中泛起银色的泡沫。

雷鸣和闪电总是能让人感受到它的庄严和崇高，因此常常被当作宙斯意志的表现。希腊最古老的哲学中，有一个流派叫作爱奥尼亚学派，他们是最实事求是、不会装神弄鬼的一批人。他们被称作“物活论者”，因为他们认为所有的物质都有生命，当然，这并不一定意味着“拥有灵魂”。

那么，应该如何区分生命和非生命呢？如果我们能给出一个合理的答案，我们就应该能抓住上面问题的关键：既然意识是被封闭于个人体内的，那如何去克服意识领域的分隔性和个人性，达成彼此之间的理解，进而达到文明人之间在交流中的完美和微妙状态？乍看之下，这仿佛是在发现罗塞塔石碑之前就破解古埃及文字一般困难。

有人说能够移动的东西就是有生命的。这个定义不仅对我们毫无用处，而且欺骗了柏拉图和亚里士多德，使他们认为天体都是神。阿那克萨戈拉不同意这个观点，这使他差点付出了巨大的代价，还好他的朋友兼学生伯里克利及时采取行动，把他从监狱里救了出来。正如我们所知，在雅典光荣的自由共和国中，人都是平等的（除了那些社会等级为奴隶的人，虽然整个城邦正是由这些人的劳动才维持着），但是这个共和制的模范国家对于那些思想清晰、敢于说出自己所想的话的人来说，却暗藏着危险。

在我看来情况是这样的：一个人会先认识到自己的身体是外部世界中唯一一具在多数情况下都可以自如控制其行为的身体。或者说，只要他想要做某一些动作，那么他都能在一定程度上确切地预先知晓这个身体所进行的行为。如果他用可自由移动的身体部位触碰到某物体时，该物体没有产生可预测的运动，比如物体被推开、被抛入空中等，那么他就会认为这个物体是有生命的。这里需要补充的是，这种“生命性测试”也会用到许多其他方式，不仅仅局限于触碰这一种模式。我们举一些其他方式的例子，比如在被测试对象的面前挥手或挥动手中抓着的东西，对被测试对象喊叫或吹口哨。在这些情况中，被测试对象有生命的表现可以是声音的回复，也可以是颜色或形状的变化。

上述的这些内容似乎有些简单和琐碎，但在我看来，尽管一个人不可能从根本上超越自己意识的局限，但意识到这些东西有可能在语言学上达成一种最广泛的认识，其中就包括了形成第二自我。现在我们继续来探讨这种语言学认识是如何形成的，在此我们仅讨论对我们而言最重要的情形。有另一个身体的结构与自己的身体非常相似，换句话说就是两个作为个体的人类如出一辙，那么我们可以观察到一个个体的身体做出某个动作时，另一个身体也会做出相应的动作。模仿的本能在这里扮演了一个重要的角色，这种“照着另一个人做的行为去做”的现象在儿童、猴子甚至是成年人那里都很容易观察到。在小尺度的时间范围内讲，着装和打扮的潮流每年都会有变化。在大尺度的范围内讲，说话方式的改变能为语言的逐步变迁提供条件。我们无须去细究这种模仿倾向背后的缘由，这一倾向很容易使该个体的身体和另一个身体的动作非常相似。

首先，对这一点做一些注解。第一，个体意识到同时性是非常重要的，即使仅仅是将自己的身体定位在它所处的环境中也是如此。通过某一时刻看到的、触摸到的和听到的东西，可以建立起一个统一空间的概念。在这个概念中，我们自己身体的各个部分和我们环境中的其他物体都位于其中。我在这里用了“环境”一词，因为这很浅显易懂，但事实上由于我们的身体本身就是环境中的一个部分，因此这个环境并没有什么可以“环绕”的。第二，我认为一些原始语言中的声音，比如 beri-beri，tom-tom，tsetse 等词，甚至印欧动词中的那些叠词、头韵、腹韵和尾韵中所带有的愉悦感，都证明了一种重复声音的倾向，这些情况中的声音都是个人自己发出的。第三，我认为据说非常成功的伯利兹语言教学法或多或少地遵循了这种框架，它没有用其他一些更为复杂的语言学知识作为学习的基础。第四，儿童就是遵循伯利兹语言教学法习得的母语，教授的对象通常是母亲和兄弟姐妹。

这种原始的模仿倾向经过许多代人逐渐建立起一种越来越精细的语言，而语言的历史研究几乎不可能追溯到这一过程。因为从事物的本质上讲，语言的历史必然是在完成语言的过程之后很久才开始，而我们最想知道的是它的最初阶段和开端。人类文化史也是如此。但是，我们发现现在在新几内亚还有处于石器时代的原住民，正如这一阶段在其他地方已经是很久以前的事了一样，所以民族志学者所研究的语言也必然处于非常不同的发展水平。就我个人而言，考虑到我所掌握的少数几种语言，最让我印象深刻的是古老的语言，如梵语、古希腊语、阿拉伯语和希伯来语。这些语言的语法非但不简单，甚至是最复杂的。而对现在先进的英语，任何未受过教育的外国人都可以很容易地理解它，并开始说出一些蹩脚的语句。但在另一方面，只有那些伟大的头脑，像查尔斯·谢灵顿爵士、伯特兰·罗素或吉尔伯特·默里，才能够清楚地用英语通俗易懂地表达自己的想法。

尽管如此，仔细考察孩子从母亲和家人那里学习母语的方式，依旧是我们深入了解语言起源的最好机会。这就好比受精卵胚胎的发育为我们提供了一个物种系统进化的过程，尽管这个比喻不是非常准确。通过伯利兹方法学习的成年人也可以被视为这个方面的一个实验，就像达尔文经常利用狗、鸽子、马或郁金香的繁殖来说明和支持他的自然选择学说一样。当然，通过伯利兹方法学习的学生并不是一张白纸，他已经知道他和他的同学、老师，甚至是其他人生活在同一个世界里。他还至少已经学过一种语言，而且在很多情况下，还知道自己学习的语言是怎么回事。此外，他所学的语言通常与他所知的语言具有相同的语法结构，即使这两种语言是匈牙利语和阿拉伯语，或者阿拉伯语和瑞典语。（伯特兰·罗素曾经指出，在他看来，所有经过高速发展的语言所共有的句子结构，比如主语、谓语、直接宾语和间接宾语等，都会产生哲学上的偏见，进而在自然的观察中导致主客体的分离。在过去的几十年里，这些偏见让人们产生了主客二分的观念。也正是因为这种偏见，使不可分辨事物的同一性原则得以重获新生。这一原则被认为揭示了事实上存在于更深层次的东西。）

对语言早期发展（不同个体通过语言达到相互理解）进行无端猜测没有实际意义。我最近读到的一个观点给我留下了深刻的印象，在此我必须提一下，遗憾的是我已记不得作者和出处了。这个观点认为：语言最古老的根源可以追溯到无意识地通过舌头、下颌的运动对外部事物进行模仿，并发出声音的行为。这就是拟声词的概念，拟声词在语言学中早已经被接受（比如sough= 飒飒、hiss= 嘶嘶、howl= 嚎；希伯来语 beelzebul= 苍蝇王；意大利语 zanzara= 蚊子）。这种概念不仅把尝试性的模仿用于分析声音，也应用于一个事件的其他特征，比如上下移动、穿透、限制、解除限制、交叉放置某物、突然行动或温和缓慢地行动。在许多情况下，现在使用的词语几乎都符合这一理论，但这些词语背后都有着悠久的发展历史。比如德语中“紧（fest）”和“松（lose）”，“僵硬（starr）”和“柔软（weich）”这些反义词。如果把它们调个个儿，听起来就不太合适了。英语中“停（stop）”和“走（go）”这对反义词也是如此。第一个单词中的元音发音较短，而第二个单词中的元音是一个相当长的双元音。

在我看来，一个人模仿听到的声音的冲动，或者模仿观察到的事件的冲动，形成了相互理解、语言发展、认识到我们都生活在同一个世界的基础。我们就像彼此的镜子，从对方那里看到了自己，不过是延伸意义上的自己。真正的镜子只能复制运动，但不能模仿声音，也不允许我们抓住它，而我们的“延伸”镜像通常像我们自己的身体一样温暖。一只野兔从灌木丛中跳了出来，跑开了。我和我的镜像可以都举起胳膊指着这只移动的兔子，甚至异口同声地发出惊讶的声音。我会意识到这个声音不仅是我发出的，也是我的镜像发出的。如果跳出来的是一只熊或大猩猩，我们就会发出其他的声音表示自己的惊讶。那些在我们人格中的记忆在这一切当中起了决定性的作用。在这一点上，我认为这是理所当然的，没有深入分析的必要。我也不想通过将共同体感觉的形成追溯到语言，进而断言晚上在树上叽叽喳喳叫的八哥、迁徙的候鸟、蜜蜂和农场里的家禽都没有意识到它们和同伴们生活在同一个世界。其实，在这方面，它们远比我们人类种族中许多自以为是的利己主义者进步得多。那个我们认为人类是唯一拥有语言的物种的自负时代已经一去不复返了。

我们来回顾一下前面的疑虑：面对各个意识领域坚不可摧的个性以及完全不相容的情形，是否有可能在各种不同的经验当中找出相似的，甚至是几乎一样的部分。另一方面，一旦把握到了认识这一点的途径，并且足够幸运地发现从我们已掌握的语言中获得这种认识的途径，我们马上就倾向于高估这种理解的准确性，而忘记了它不可避免的局限性。昨天，我读了一本备受推崇的现代高地德语语法书，书中第一页的第一段讲的是“语言的概念与性质”，其中一句写道：“词语由清晰的……声音构成，说话者通过声音来传达相应的思想并被听者所理解。”我忍不住在页面的边缘写道：“并不尽然。”我对这一相当狭隘的解释不以为然，它没有考虑到“因为”“虽然”“尽管”这类词汇。该书第二页的第二段论述了语言的起源，当我读到“因而，思想是语言的基础和前提”这一简洁的论断时，我在页面处又写下了同样的评语。

玻尔兹曼有一篇文章与我们当前的主题密切相关，文章的开头他讲述了自己在大学图书馆借阅一本休谟的哲学书的故事。他非常失望地发现这本书只有他不懂的英文版本。当时他有一个设想，认为所有的概念在第一次提出的时候就应当得到完全准确的定义。他的弟弟则认为不可能实现，因此经常跟他争论这一设想的必要性和可能性。顺便说一句，这是一个伟大的物理学家从未忘记的设想（尽管在这件事情上他是错误的），而且他一直在试图达成这种设想，玻尔兹曼在借书时的失望正好给他机智的弟弟抓住了机会。他弟弟嘲讽道："如果这本书能达到你所期望的设想，那语言就根本不是问题，因为每一个词都必须在使用前被明确定义。"顺便说一句，玻尔兹曼可能没能读懂休谟，因为我从来没有遇到过任何人，无论是在这位苏格兰人所属的那群相当深邃的思想家中，还是在上一个时代的作者中，我从来找不到第二个人可以像休谟那样举重若轻、行云流水一般进行分析推理。我几乎想用"娓娓道来"这个词，因为他的每一次论证都非常简洁。他的语言往往不言自明，像孩童一般自信，完全不需要那些令人费解且难以记忆的定义。即使它们被用在比日常用语更微妙的意义上，只要人们把它们放在正确的语境中就可以理解。换句话说，在他的笔下，句法比词汇更重要。引用歌德的话来说就是：

毫无雕琢，明亮的智慧和感悟
可以自我流露；
如果你心有所感而发声，
何须咬文嚼字。

我的朋友约翰·辛格教授是一位数学家，他非常有趣，而且很健谈。他为大众读者写了一本书，名叫《科学：理性与无稽之谈》。第一章名称叫作"恶性循环"，他用所谓的"循环论证"来取笑诸如《简明牛津词典》这样的单语词典。当然，他不是想否认这些词典对已经了解该语言的人的巨大用处。但是你用这类词典去查一个词，它就会用同一种语言中的三个、四个或五个词来解释。然后你再用同一本字典查刚才解释里的词，又会分别得到数个新的词。由于词典中所收录的单词数量是有限的，一个词迟早会重复它自己。如果去实际操作的话，会发现没过几个轮回就会碰到上述情况。这就表明对这个词的解释在逻辑上是不充分的，从严格的逻辑上讲，整本书的每一行都有逻辑缺陷。但换一种语言来解释，或者用图片来解释，又是不现实的。有一位幽默的作家在西班牙皇家学院的词典中也开过一个玩笑。他在解释“狗（perro）”这个词时，引述了一种完全成熟的、在奥地利方言中被称为“Haxelheben”的雄性动物的习性，并与常见的家养宠物“猫”这个词进行了对比。当然，这种故意为之的行为是为了体现这种做法的迂腐。

理解的局限性

上一部分中我们谈了人与人之间是如何达成相互理解，并且认识到彼此都生活在同一个世界中的。这些描述似乎有些泛泛而谈，而且其中还夹杂着很多逸闻趣事，但这是一个我们必须接受的事实。只要认同这一描述，我们就不必再纠缠“实在性”的问题，“实在”“存在”之类的字眼就成了空话。假如你认为我们有必要将经验中的一部分内容认为是共有的，理解为是用同一个模具和相似的材料制作出来的类似结构，那么你不能指望这个解释可以确保我们的外部世界是共有的这种意识。如果你假定有一个真实的外部世界，它是我们产生感觉的原因，相应地又可以被我们的自主行为影响，从寻求对共有经验的合理解释滑向将我们对共有经验的认知视为不证自明的、必然的和完整的，无须了解其起源就可以达到完美的认知。这显然是错误的，这里不仅仅是语言描述的问题。

人们常说，对自然的认识永远达不到它的目的，人们不应该问一个理论是否需要修正，而仅仅需要知道朝什么方向修正。正如莱辛所说，脑力工作的乐趣不在于成就，而在于为一个始终在我们前方的理想而奋斗。但是，当我们谈到所谓的精确科学时，最主流的观点告诉我们，永远无法在心理图景中完全重构自然。我们在这里还要承认和断言，人类之间不可能达到完美的相互理解，这是一个我们永远在接近但永远无法达到的目标。仅仅在这一点上，建立精确科学本身就是永远不可能达到的。我们可以用散文或诗歌的译文中发现准确性和优雅性的巨大限制来理解上述理论，虽然这是一个不怎么恰当的比喻。即使是《圣经》或莎士比亚的戏剧，虽然已经经历了几代人的努力，但每一代人依旧对之前的版本会有所不满。当然，这种不满也受到了译入语不断快速变化的影响（当我还是个孩子的时候，英语单词“bath”和“bathed”分别对应于德语名词和动词“badan”和“baden”。而如今这两个英语词都可以表示这两个德语词，但第一个单词指的是在浴缸里洗澡，第二个单词指的是在河里或游泳池中游泳。一千年前的德语口语和书面语，在如今如果没有字典的帮助，根本就无法理解）。为什么这个比喻有点不恰当？因为正如我以前说过的，我们感兴趣的大多数语言都有一个非常相似的结构。但有一次我拿到了《道德经》的两个德语译本。在我的记忆中，只有在少得可怜的篇幅中才能辨认出这两个译本竟然是在翻译同一本中国的小书（这里的“小”不是诋毁的意思，这本著名的经典是如此简洁，据说这本书是老子在等待通关的时候写的）。

即使双方都受过最高等的教育，对于感官感知的某些特定性质，人与人之间要达成相互理解依旧存在着无法逾越的障碍。不过这并不是一个非常重要的问题，早已有人进行过详述，我们不必在这一点上再花费笔墨。人们经常会问这样一个问题：“你真的确定你看到的草坪和我看到的一模一样吗？”这个问题无法回答，我们甚至可以质疑这种提问是否有意义。二色视者（通常不准确地描述为部分色盲或红绿色盲）所看到的光谱呈现的色带，与正常三色视者所看的，由两种互补色 A 和 B 在哑光的白色表面形成的混合色光具有一样的复杂度，这是可以客观确定的。但是，与正常的三色视者的颜色感知不同，二色视者看到的光谱最外两端的红色和紫色可见光是无法确定的。理论上的假设是，在长波（红色）末端，二色视者看到的是深黄色，它的颜色逐渐变浅到中间点（灰色），然后看到逐渐加深的蓝色。那些一只眼睛有两色视觉，另一只眼睛有正常的三色视觉（这可以得到客观证实）的人证实了这一假设，但这一确认完全取决于我们相信他说的是事实（注意：我使用了“客观证实”这个词，因为这些结果都来自受试者关于混合光的描述报告。不过这些受试对象都经过了交叉检验，以获得更加准确的测试结果。无论是有意还是无意的不实结果都会被发现，因此称之为“客观证实”）。

我自己并不懂音乐，不应该把发声辨音这类的问题拿来作为例子讨论，但我认为其中的原理是一致的。我们都能辨别出马嘶声、雨点声、罐头被打开的声音，以及椋鸟叽叽喳喳的叫声。我们可以区分钢琴独奏和大提琴独奏，而音乐人在听某一特定的交响乐时会产生特定的情感体验，并能在一定程度上彼此理解这种感觉。这一切都没有把声音感知和颜色感知区分开来，就我们讨论的问题而言，二者可以同等对待。不过，听觉和视觉有两个本质的区别：第一，特别是对一个有经验的人来说，可以根据其泛音的存在和强度对一个声音进行非常精确的分析。此外，声音不存在合成，也就是说，一个单音不可能通过不同的纯音混合而成。另一方面，同一种颜色一般都能被各种不同的光谱彼此混合再现出来，这在色觉研究中起着非常重要的作用。在光谱的长波端（从红色到绿色），即使是纯色光也可以通过混合它们两侧的颜色而产生（例如红色加绿色可以得到黄色），而眼睛不会察觉到任何区别。这是两种感官之间的第一个巨大区别。另一个区别是：作为对感觉质量缺乏复杂性的一种补偿，我们的眼睛可以非常清晰地区分光线照射的方向。这就是我们轮廓分明的视野的来源，它从二维开始扩展，主要是通过双目视觉和触觉的相互作用，从而成为真正的三维视觉空间。就声音而言，虽然“定向听觉”并不完全缺乏，但与“定向视觉”相比，它还很初级，似乎还需要双耳的彼此配合。

在这里我想谈一下昆虫的视觉特点，虽然这和我们的主题并不直接相关。卡尔·冯·弗里希教授在过去四十年里一直以蜜蜂为研究对象进行了一系列的实验。人们早就意识到昆虫对光线方向的辨认与我们的大不相同，因为它们的眼睛中有很多“小眼”。蜜蜂和我们一样是三色视者，但它们的视觉范围延伸到了紫外线，所以在它们看来，我们的能力只不过是二色视者。冯·弗里希还证实，偏振光对于蜜蜂来说是生物学上重要的定向手段。它们可以根据空间的不同位置和一天中不同时间所产生的偏振光进行定位。蜜蜂用它们的复眼可以感知这些偏振光，但对我们来说，这是完全无法看到的。更让我吃惊的是，蜜蜂和苍蝇的眼睛每秒能收到 200 多个不同的独立图像，而我们的眼睛最多能收到 20 个。弗里希在自己的文章中写道：“怪不得苍蝇通常可以逃脱呼啸而来的巴掌，因为我们的手部动作在它的眼中就是慢动作。”

再说一点别的。如果有人问你是否能把五个元音和任何特定的颜色联系起来，大多数人都会觉得这很无厘头，但依旧会给出答案。这里的结果五花八门，对我来说 a= 发白的浅棕色，e= 白色，i= 明亮的蓝色，o= 黑色，u= 巧克力棕色。虽然这是我给出的答案，但不代表它有意义，这是一个没有正确答案的问题。

在这最后几段中所说的关于感官感知的一切，也许可以用这样一句话来概括：借助感觉，我们至多能把握世界的结构，而不可能理解组成它的各个单元的性质。从这一点出发，我们可以引出一系列十分重要的观点。

第一，这种对相互理解的限制并不特别令人讨厌。我们只要能就世界的结构达成一个明确、不受阻碍的共识，这个问题也就不重要了。无论是从纯粹的生物学角度来说，还是就关于知识的理论而言，结构才是我们真正的兴趣所在。我的第二个观点是，我们对世界结构的相互理解的局限性远远超出了感官所掌握的范围，因此这就已经适用于我们想相互交流的一切事物，尤其是更高层次的科学和哲学的思想形式。我们可以用数学中的公理推导作为一个例子。它指的是一系列关于某些基本元素（例如自然数、点、直线、平面等）的基本命题（公理），例如“每个自然数都有且只有一个后继数”和“两个不同的点总是定义一条且只有一条直线”。从这些公理中，所有的数学命题都可以被有逻辑地推导出来，它们的有效性不受基本元素的视觉表征影响，而且与相应的公理看起来是否正确和有意义也没有关系（它们只需不存在矛盾即可，不过要证明这一点并不容易）。

在射影平面几何中有一个特别清楚和简单的例子。它的两个基本要素是点和直线，一个基本概念是一个元素与另一个元素的对应关系（某一个点对应其所在的一条直线，或反之，某一条直线对应它穿过的某一个点）。其中的一条公理是：同一种类的两个不同的元素总是且只能同时与另一类中的一个元素对应。另外，还有四个公理中，除了描述这两类元素的表述同时也是对称的之外，其他部分与我们讨论的主题无关。这些公理包括：如果同一类的三个元素与另一类的元素对应，那么在第一类元素中，有一个元素可以唯一地定义为前三个元素的调和共轭（这里的实际意义并不重要，关键是增加了一个调和的第四元素之后，所有四个元素中的每一个都是其他三个元素的调和共轭）。最后：与上述四个调和元素中的任何一个相对应的四个第二类元素，如果它们都与第一类元素中的第五个元素相对应，那么它们也是调和的。如果用“直线”代替“第一类元素”，用“点”代替“第二类元素”，则这些句子更容易理解。由于所有公理的完全对称性，在射影平面几何的任何一个正确推导的命题中，人们总是可以用“直线”和“点”来替换“第一类元素”和“第二类元素”，得出的命题仍然是正确的。这就是由公理逻辑推导而来的，即所谓的对偶命题。同一对对偶命题的图示一般来说差别很大，而命题本身在对偶性还未被证实之前常常在不同时期被不同的思想家独立地发现，例如帕斯卡线和布列安桑点[1]。

从这个几何学的例子中可以引出我对这个主题的第三个观点：无论是通过感觉把握的东西，还是精神上的建构，重要的是其结构而非具体的内容。只有对于结构，我们才可以在某种程度上去衡量对它的理解是否可靠。下面我来谈谈第四个观点。

即使在今天，我们仍然会发现有一个传统的看法影响着大众，尤其是在年轻人的教科书中。在我们可以感知的环境中，可以很方便地区分两种性质，即第一性和第二性。第一性涉及形状、相互位置和运动；第二性则与其他的一切性质有关。对于第一性，我们可以完全相信自己的感官。对于第二性涉及的性质，它们是我们按照自己的看法而增设的。这就好比我们拿到了一幅描线的图画，然后可以随意用水彩填色，就像儿童画册一样。

对这种偏见的攻击始于莱布尼茨，但依旧不能使得这种偏见消失。我们不应该试图去证明它是错误的，因为这几乎行不通。想要证否它不亚于去证否银河系外的星云中有一个地方，那里有着长着翅膀、穿着白色长袍的类人生物。在这两种情况下，论证的责任都应该落在这些论断的拥护者身上。没有任何理由认为我们对环境中形状和运动的感知应该比颜色、声音、热量等更强烈地依附于一个“真实存在”的物质世界。这两类性质都确实在我们的感官之中。

---

1 帕斯卡定理：指圆锥曲线内接六边形（包括退化的六边形）其三对边的交点共线。布列安桑定理与之对偶，是帕普斯定理的推广。

那么现在的问题是，我们要如何理解几乎所有人，甚至在很大程度上对动物来说，所理解的环境几乎有着一致的结构。例如，如果一个骑手骑着马，路面突然有东西起火，或者有一条深沟，他骑着的马和他自己都会因害怕而后缩。如果一个人不愿意把物质世界视为人们之所以达成这种一致性的原因，那么我们是不是只能将这些经常会出现的事件当作奇迹了？

并非如此，或者说并不完全是如此。

同一性原则：光与影

我首先要声明一下，在论述本部分的观点时，我没有特别强调逻辑，而是更多地强调了这些内容在伦理上的重要性。我在这里大方地承认，我不但不排斥形而上学，甚至神秘主义，还要将它们作为后面讨论中不可缺少的一部分。我自然清楚，仅仅是这个表态就足以遭到那些理性主义者，以及我的科研同行的猛烈攻击。我想，他们对我进行最为轻柔的表态也会带着些许嘲笑，然后微笑地说："我亲爱的朋友，你可不要把这些观点强加给我们。你懂的，这只会让我们比以往更加坚定地认为物质世界才是我们共有经验的原因。它不是人为捏造的，很容易为人所接受，完全没有任何形而上学和神秘主义的东西在其中。"

针对这一预期的反应，我会进行友善的反驳，或者说是自卫性的反击。在前文的各个部分中，我已经试图证明，为了解释人们广泛的共有经验而假定存在着一个物质世界，这对我们认识到这一个共有经验没有丝毫作用。这种意识只有通过思想才能获得，有没有这种假设并没有任何影响。我已经反复强调了这个假定的物质世界和我们经验之间的因果关系。无论是在感觉上还是在意志上，都与在实践中发挥着重要作用的因果关系完全不同。这一点既无法证明，也无须证明。从贝克莱和休谟的论述中我们甚至认为，连科学中的因果联系也无法真正被观察到，它并不是事前的，而是事后的。正是上述第一点使得物质世界之假设具有形而上学的特点，因为没有与之对应的可观察的对象。第二点则让物质世界有了神秘主义的气质，因为它要求两个对象（因和果）必须有基于实证的相互关系，并且其中只有一个能够被感知和观察（知觉或意识），而另一个却仅仅是想象的产物（物质原因或物质结果）。

因此我可以毫不犹豫地说，接受一个真正存在的物质世界，可以解释我们意识到我们生活在同一个经验环境中这个事实，这是一种神秘主义和形而上学的看法。如果有人接受了这个观点，虽然有点幼稚，但也无可厚非，因为毕竟非常方便。不过，持有这种观点的人绝对没有权利给其他看法贴上神秘主义和形而上学的标签，并以为自己可以免于这种“弱点”。

在现代，第一种有可能替代的学说是莱布尼茨的单子论。就我所能理解的，他试图把我们经验中广泛共享的特征建立在预先构建的和谐（即从一开始就建立的本质相似性）上。这种和谐存在于所有单子的内部，并且彼此之间没有任何影响。用现在通行的话说就是，“单子没有窗户”。不同的单子，无论是人、动物，还是那个独一无二的神圣单子，只有混沌程度或清晰程度的区别，单子内的相同系列活动正是在不同的混沌 / 清晰程度下进行的。我偶然看到弗里德里希·西奥多·费舍尔对此提出的一个非常有洞见的评论，我本来不会在此提起这个理论（就对任何事物的解释而言，它的幼稚程度几乎超过了唯物主义）。费舍尔写道：“……归根结底，有且只有一个单子，那就是心灵。它存在于一切事物中。单子没有复数，莱布尼茨并没有使他的理论产生什么丰硕的成果，因为他没有将单子作为一个具备意识的协同体，而是假定多种单子是共存分立的，如同许多死物般彼此无法沟通，那么这种假设又有什么意义呢？”

如果真的“有且只有一个单子”，那么整个单子论就会变成吠陀哲学（或者是再晚一点的巴门尼德哲学）。这种观点认为所有的生命都有所属，因为我们所有人，事实上都是同一个存在物的不同侧面或方面。这个存在物在西方的术语中被称为上帝，而在《奥义书》中它的名字是婆罗门。印度教中有一个类比：一个多面体的钻石可以使太阳产生许多个几乎一样的映象。我们之前已经强调，在这里我们不讨论逻辑，而是讨论形而上学和神秘主义，因此这和承认存在一个真实的客观世界（通常称为外部世界，但它包括自己的身体）是同一个性质。我们在《吠陀经》中可以看到，这个说法当中充斥着怪异的婆罗门祭祀仪式和愚昧的迷信，感兴趣的读者可以去翻阅玻尔·多伊森所著的《吠陀奥义书六十种——梵文德译本》和《吠陀经的神秘教义——文本选编》，在此我就不再赘述。抛开这些不谈，我认为印度思想家们从这个“同一性原则”中得出的严肃结论有两条：一条关于伦理学，另一条关于来世论。我们可以接受前一条，但必须排斥后一条。叔本华的著作中有一首律诗就包含了这个伦理学的结论，虽然我不能确定这首诗的原文是否来自《吠陀经》或者《奥义书》，但我相信他一定是本着类似的精神所写的：

至高无上的神性
藏身于每一个生命之中
这些生命死亡之时，它依然活着——
寻觅者必有所得
若能从万物中领悟上帝的存在
便会免受来自自己的伤害

这些优美的诗句无须多做说明，它所崇尚的最高目标就是要施予一切生灵（不仅仅是我们的同胞）以仁慈和善良。这与阿尔伯特·施维泽的“对生命的敬畏”是非常相似的。施维泽经常强调，这个最高的目标实际上是不可能实现的，除非所有人都绝食而死。据我所知，他是有史以来第一个将植物世界纳入这一普遍道德法则的人。他不像许多人那样满足于简单的素食主义。素食主义者经常说：“在我们这么艰苦的情况下，一个人如果不承受一些健康上的损害是不可能坚持下来的。”甚至有人说乔达摩佛陀不反对和朋友一起吃肉，只要是在他到达之前肉已经准备好了，因为他吃的肉并不是因为他而被杀的。我想，如果我们吃肉的时候必须要目睹动物被宰杀的过程，相信很多人都会选择素食。对于印度教来说，猎人和渔夫等职业仅仅排在“贱民”之上，这一点有些虚伪，因为印度教并不戒荤（佛教徒戒荤，但佛教没有种姓制度）。那些以捕猎和捕鱼为乐的人，常常伴随的是动物筋疲力尽的痛苦。通过强行填喂而得到病态肥大且极其美味的鹅肝，又是多么难以言表的残忍。我们一直默许着这样的行径在身边发生，并且习以为常，这让我们有什么资格去热议斗牛士是一种“中世纪的野蛮”呢？斗牛固然残忍，但它远比不上那些被狩猎的动物，以及被强行填喂的肉鹅。

关于印度哲学中所引出的伦理结论（即我们所有的生命都只是一个存在物的不同侧面）暂时就讨论到这里。正如我所说，我和阿尔伯特·施维泽一样，非常同意这个结论。

另一个结论是关于来世论。这个观点经常会出现，可以从《广林奥义书》的一首四行诗中得到充分的体现：

务必牢记于心：
这里无论如何都不存在多元性

那些在此看到多元性的人

将面对一个又一个死亡的陷阱

这里需要一些解释。首先，这首诗的基础是深深扎根于婆罗门教、灵魂轮回的信仰。这种信仰的力量对于那些在拒绝这种信仰的环境中生长的人来说是难以理解的。同样，与我们成长的整个传统形成鲜明对比的是，对婆罗门来说，“死后余生”的存在并不是一种安慰，而是一种痛苦的来源。一个人在来世中的地位和命运被认为是由一个人今生所有善事和恶行的总和（业报）所决定的。虽然这种“正义”与其他宗教信仰有一定的相似之处，但与基督教相比，在面对今生财富的不平时，它能让人处于超然的态度，而不是漠然的态度。这种信仰带有贵族的气息，完全不是“在上帝面前人人平等”。如果你生来就是一个婆罗门（这并不意味着你很富有），这个尊贵的等级（即使你很穷，并且是另一个婆罗门的仆人）是因你前世所取得的功劳而应得的。如果你是一个首陀罗（贱民），或是一只野兔或一只丑陋的癞蛤蟆，那便是因为你前世犯下的恶行而自食其果。这种信仰会让人安于现状，不会去反抗世界上存在的不公平。它与封建贵族有一定的相似之处，只不过是把祖先换成了前世。你之所以是伯爵或公爵，是因为你的一位祖先有功于国王或国家，因此被封爵，并且他的后人们并没有犯过什么大错而被剥夺爵位。

当然，如何让一只可怜的癞蛤蟆努力积德行善能投胎成为一只野兔，然后再投胎成为一个首陀罗，这本身也是一个问题。

这些只是对上面诗句的评论，而不是具体内容的阐释。正如我之前所说，生与死无休止的轮回对婆罗门教的信徒来说是一种苦恼之源。人生的目标就是结束这个循环，通过寻求“解脱”以进入一种在《奥义书》中被比喻为深度无梦的睡眠状态，佛教徒称之为涅槃，基督徒和许多神秘主义者称之为与上帝结合。这个无梦的睡眠状态与卢克莱修斯·卡鲁斯的“死亡是一切的终结”的观点有什么不同？在我看来（我不知道我的观点是否能在古籍中找到明确表述），这种状态是一种深深的满足，是一种发自内心的喜乐，就像一个疲惫的年轻人在长时间、深度的、无梦的睡眠后醒来，充满了活力。他能清楚地感觉到自己不是打了个盹，而是沉睡了许久。睡眠的时候发生了什么事情他一概不知，只知道自己睡了一个好觉。

现在我们来谈谈那四句诗的含义。“这里无论如何都不存在多元性”这句话本身就是《奥义书》里神秘主义和形而上学的内容。书中说，那些多愁善感的生灵所展现的多元性仅仅是表象而已，它们都只是同一个存在物的不同方面。诗的后半部分所体现的来世论，则是真正的挑战。想要寻求解脱，结束这无尽的生死轮回，就需要去信奉一种神秘主义的信仰，并且全身心地去体悟它，不能只是嘴上说说而已。

这确实令人不安。这是一种“因知识而得救”的模式。它甚至比路德的“因信仰而得救”（是否有这种信仰并不取决于个人意志）或奥古斯丁的“因神的恩典而得救”（是否得到恩典也不取决于个人意志）更糟糕。“因知识而得救”不仅考验人的智慧，还需要人有闲暇来冥想。而奥古斯丁的恩典或路德的信仰差不多是同一回事，都是碰运气，能不能成功并不取决于个人，而是需要神的恩典。知识就不一样了，知识是一场赌博。聪明的人在这场赌博中是占优势的，富裕者就更占优势了，因为他们的生活有人照料，可以全身心地投入形而上学的思考中。当然，吠陀关于救赎的信念要比其他两个说法温和得多，因为它的目标并不局限于一次简单的生命。如果在此生中没有实现，可以在来世继续修行。至于如何轮回，就取决于一个人所积的德和所作的恶。如果一个人愿意，他可以通过“善行”最终过上一个充满智慧和闲暇的生活。或许所有的宗教都多多少少有这个特点。

如有任何人在今天想要接受吠陀经中的世界观，我建议他先把灵魂轮回的主题抛弃。这倒不是因为基督教对这个概念的否认，而是基督教在今天的传播远不如曾经那么广泛。其次，我们对于古希腊文化的继承和《登山宝训》一样多。(《登山宝训》最早的文本就是古希腊语，不过那不是亚里士多德或普鲁塔克的古典希腊语，而是亚历山大远征后的几个世纪中在地中海和近东所使用的那种简单而流行的语言。) 灵魂轮回的想法对早期的希腊人来说并不陌生，正如我们从毕达哥拉斯的传统中所知道的那样。但是，如果要彻底抹去记忆，那么灵魂轮回在逻辑上就说不通了。事实上，毕达哥拉斯学派确实把能够记住前世记忆的神奇力量赋予了毕达哥拉斯这样的超凡人物。学派的门徒认为，他通过认出一些从未见过的事物和地方来证明这一点。在我看来，如果不解决记忆的基本问题，这种针对某一特殊身份的说法是站不住脚的。我们可以联想到很多事情：比如柏拉图笔下的苏格拉底提出了一个概念，即学习是对曾经已知但又被遗忘的事物的重新唤醒。另一个例子则是在现代进化论和动物心理学中起重要作用的种族记忆。

如果一个活在当代的人或者一只癞蛤蟆，要为一个自己根本不记得并且已经去世的作恶多端的人承担后果，这听起来不得不说是很奇怪的。我们必须抛弃那种特殊身份的说法，还要抛弃那种通过智慧解脱生死轮回而获得救赎的贵族式态度和观念，因此生死轮回并不存在。但是，我们依旧能够抱有对同一性，一切同有所属的想法。叔本华说，这正是他生有所籍，并将死而无憾的理由。尽管笼罩着神秘主义和形而上学的面纱，它也可以承担起一个“真实存在的外部世界”的功能。“外部世界”这一概念很有意思，但更有意思的是“我们头脑中的世界”。

惊讶的两点理由：伪伦理学

首先让我们总结一下。我们发现了两种令人惊讶的情况，对两者进行区分非常重要，因为用来描述它们的语言非常相似，因此很容易把两者混淆。如果说我们当前的研究有什么创新的话，那么主要就是指出了区分这两种情况的必要性。

第一个令人惊讶的情况在于，尽管我们的意识领域与其他人之间是全然分隔的（所有头脑清晰的人都会赞同），但在模仿本能的推动下，我们形成并发展出了一种共同语言，然后不可避免地认识到我们的某些经验部分之间存在着深远的结构相似性，简单说来就是意识到我们所生活的是同一个世界。这样一个过程可以在任何一个成长期的儿童身上观察到。对此我们不会产生怀疑，但是要注意避免对它习以为常而失去新奇感。

另一件值得注意的事情与我们认识到自己身处于同一个世界完全不同，这里的"我们"不是深奥博学的思想家，而是远远未到学龄的小孩。这一情况就是，尽管我们的感知范围是分隔的，但在什么能被称为意识之外的内容这一问题上居然达成了广泛的共识。这是如何做到的呢？还是说，像前一部分所述那般，所谓的一致只是我们的臆想？你的梦中有我和其他的事物，而我的梦中也有你和其他的事物，两个梦彼此衔接得天衣无缝？这只是玩弄文字的愚蠢之举。

那么，我们确实是在处理两种令人惊奇的情况。我认为，通过考察语言上的理解在个体发育和种系发育上的起源，可以科学和理性地认识第一点。如果说这立即就意味着首先要预设第二点，我不会有任何反对意见。但我认为，重要的是第二点并不能从理性的角度去理解。为了理解它，我们需要回到两个非理性的、神秘主义的假设：要么（1）所谓的外部真实世界是假设的；要么（2）承认我们其实是一个世界的各个方面。如果有人认为这两点可以合二为一，我也不反对，那就是泛神论。进而，我们需要承认泛神论假设在第一种情况中有着形而上学的特征。从同一性原则出发，我们则更容易真正产生伦理学上的影响。

必须承认的是，同一性原则看起来更加具有神秘主义和形而上学的色彩，它加大了理解我们的经验为何存在不同程度的分享难度。假设我住在帕克街6号，我的一个好朋友住在隔壁8号，他和我有很多共同的兴趣。我们每周见面三到四次，一同出门，一起旅行。那么，我们两个确实生活在“同一个世界”中。同样的说法也适用于我和另一个住在洛杉矶的好朋友，但这种确实生活在“同一个世界”中的程度较之前面会低一些。同时，我和帕克街6号的看门人也生活在“同一个世界”中。他是一个退休的银行职员，主要对邮票和足球彩票感兴趣，由于我们交集不多，这种“同一个世界”程度更低。如果我有一只狗，经常和我一起散步，每次出门的时候它都会开心地叫喊和跳跃，久而久之我们之间产生了强烈的情感纽带，每次出门我都想要带着它，于是我也和它生活在“同一个世界”中。这样的情景可以一直延伸到我和大卫·休谟生活在“同一个世界”中；我和弗里德里希·席勒生活在“同一个世界”中；我和德谟克里特生活在“同一个世界”中；我和色诺芬尼生活在“同一个世界”中。

关于真实存在着一个外部世界的假说，我们至少能够以一种比较自然的方式就其中一些情形解释它们为何存在不同的经验共享程度，因为它包含了时间和空间。同一性原则仍然需要一些非常透彻的思考，才能合理地解释上述情况中的差异，这些思考或许至今尚未完成。在我看来，这只不过是一个小小的缺陷而已。在另一方面，它可以为人们短暂的一生提供最高层次的伦理准则和深深的宗教慰藉，这是唯物主义无法达成的。尽管有许多人说天文学给我们提供了一种观点，说有数量庞大的恒星及可能适合人类居住的行星，再加上在晴朗的夜晚我抬头仰望天空时所感受到的那种难以描述的无限星空的感觉，它能给我们在伦理和宗教上带来一种慰藉。但我认为这一切虽然以相当有趣的方式展现出了极强的规律性，但一切都是虚幻，它对我没有丝毫关系。

还必须承认的是，关于我们生活在同一个世界中的解释，无论从何种形而上学的角度理解，都会引出一种伦理学，我冒昧地称之为伪伦理。经验表明，由于我们同处于一个世界，一方面我们可以在身体上和精神上伤害对方；另一方面，我们也可以互相帮助，使对方快乐。因为我们发现，一旦在语言上建立起了理解，人们就非常喜欢交谈，有时甚至乐于求教（最恐怖的惩罚是让一个人长期单独监禁而不能看书或写作。看书至少能让人听到作者的话，写作至少能让人与未来的读者进行一些潜在的交流）。总的说来，一个人因身边人们善待他而得到的幸福要超过他因善待身边的人而牺牲的幸福。同时，他因伤害别人而获得的快乐则比不上他受到另一个比他强大的人对他造成的同样伤害而损失的快乐。此外，这当中一切还有某种天然的相互性在起作用。因为我们可以说，如无例外，完全的理性思考的效果就是，人们都会以非常恰当且得体的举止对待彼此，而且总体上也会表现出对伦理道德的追求。

这种伪伦理在许多流行的谚语中得到了表达，比如“己所不欲，勿施于人”。如果去读一下那本世界文学史上最著名的小说，回味一下桑丘·潘萨的话语，你会发现更多类似伪伦理的格言，它们构成了一种几乎可称为功利主义道德的东西。当然，要想欣赏这位角色滑稽可爱的特点，仅仅掌握这门语言是不够的，你需要熟悉那一时期（三四个世纪前）的西班牙谚语。仔细研究一下这个了不起的桑丘，人们可能会意识到，一个被这类功利主义的谚语塞得满满当当，不敢进行讨价还价，甚至害怕玩一些游戏的家伙，居然会成为一名忠心耿耿的奴仆，并随时做好了被主人鞭挞和辱骂的准备（尽管他也会为此唉声叹气）。所以，我们不必鄙视这种伪伦理，因为有总比没有强。但在我们看来，另一种在之前的诗句中所提到的观点似乎更高贵，它被那位可怜的悲观主义者叔本华视作生和死的慰藉。叔本华本人是否按照这种更高的伦理标准生活并不重要。他日记中那句臭名昭著的“老妇死，重负释”表明他自己没有履行这种伦理（据说这句话是指他曾在暴怒中将一个女裁缝推下了楼梯，法庭判他每月定期向她支付赔偿）。我更愿意和桑丘·潘萨打交道而不是叔本华，因为桑丘在两个人中更为正派和得体。当然，叔本华的著作还是很棒的，只不过有时会冒出一些迷信的疯话。正如我们从那古老、美丽、简单的同一性原则最后在印度的发展中所了解到的那样，它太容易在不知不觉中引起一些愚昧的想法。“奇迹是信仰最疼爱的孩子”，信仰越是美好、微妙、抽象和崇高，就越要担心人类那软弱的灵魂会死死抓住奇迹，甚至是将愚昧的奇迹来作为归宿和支撑。